AF607111

AUSTRALIA
TIENE NOMBRE ESPAÑOL

Ignacio del Pozo

Prólogo de Pablo Davoli

BIBLIOTECA HOPLON

Título: *Australia tiene nombre español*
Autor: Ignacio del Pozo Gutiérrez
Prólogo: Pablo Javier Davoli
Maquetación: José Miguel Acosta
Diseño: SNS Designs

1ª Edición, Editorial Eas, marzo de 2025

www.editorialeas.com
info@editorialeas.com

Apartado de Correos 26
Guardamar del Segura
03140 (Alicante)

I.S.B.N.: 978-84-19359-67-4
Depósito Legal: A87 - 2025

Impreso en Europa por los talleres gráficos Versus

ÍNDICE

AUSTRALIA
TIENE NOMBRE ESPAÑOL

Ignacio del Pozo

Prólogo de Pablo Davoli

PRÓLOGO

por

Pablo J. Davoli

Que el presente libro constituye una obra muy original, su propio título nos lo insinúa de entrada. Pero son las páginas subsiguientes las que, aún en el caso de una lectura fugaz, realizada "a vuelo de pájaro", ratifican la indicada singularidad, poniendo en evidencia —como mínimo— que, en aquéllas, Ignacio del Pozo Gutiérrez ha logrado concretar exitosamente un cometido literario un tanto difícil e inusual: que el planteo de la temática atinente al origen del nombre de un país (Australia) conlleve la propuesta de un apasionante recorrido histórico de grandes magnitudes. Periplo intelectual, éste, con el cual el autor abarca amplias parcelas del orbe físico y espiritual de los hombres, haciendo desfilar por ellas un enjundioso elenco de personajes tan numeroso como variopinto. La pluma sencilla y, a la vez, elocuente del autor nos conduce a través de vibrantes aventuras de navegantes, exploradores y guerreros, jalonadas en el contexto de una trama geopolítica decisiva para la historia de los últimos cinco siglos.

Del Pozo Gutiérrez principia su obra retrotrayéndonos a tiempos antiguos para —con notable poder de síntesis— compartirnos la visión del mundo que, sobre la base de descubrimientos navieros, observaciones geométricas y meditaciones filosóficas, postulaban los mejores geógrafos de la época. Destaca el lugar que se le asignaba en dicha visión a la —así llamada— "Terra Australis Incognita", que, por alguna razón que desconocemos, cierta enciclopedia "en línea" decreta como "continente imaginario".

Acto seguido, nuestro autor señala con agudeza el profundo impacto que las epopéyicas travesías de los navegantes españoles y portugueses del siglo XVI tuvieron en las nociones geográficas, los diseños cartográficos y los proyectos colonizadores de la época. Desde luego, lo hace con especial focalización en lo concerniente a Australia y su región.

Sin perjuicio de ello, el propio autor nos aclara que los enigmas que encerraba la misteriosa "Tierra Austral", relativos a su posición, superficie y conformación geográfica, recién comenzaron a develarse en el siglo XVII, cuando la enorme isla pudo ser avistada desde diferentes puntos cardinales y comenzó a ser explorada tierra adentro. Además, revelando la trama política que servía de contexto a tales avances, nos comenta —entre otras cosas— sobre el particular: "Dicho proceso estuvo aderezado por dos circunstancias determinantes: la unión dinástica de España y Portugal con Felipe II y Felipe III y la posterior independencia de Holanda de la corona española. Ambos, portugueses y holandeses, tienen mucho que decir en el descubrimiento de Australia".

En el abordaje de la cuestión atinente al descubrimiento inicial de Australia (producido en el siglo XVI, junto con los primeros mapeos de partes de sus costas), del Pozo Gutiérrez nos exhibe las diversas tesis en pugna, que atribuyen aquel logro a distintos países europeos. Cumple con tal faena, conjugando magistralmente un sorprendente poder de síntesis con una luminosa claridad conceptual, abonada por la objetividad analítica y la precisión enumerativa.

En efecto, ante el interrogante que plantea frontalmente: ¿a quién corresponde el mérito histórico de haber descubierto Australia?, del Pozo Gutiérrez nos presenta tres posibles candidatos, a saber: Portugal, España y Holanda, invitándonos a recorrer un estudio minucioso, al mismo tiempo que sintético (otro difícil maridaje que el autor español ha sabido establecer magistralmente en la obra *sub examine*).

Asimismo, merece ser subrayada aquí la interesante trama con la que nos convida al momento de abordar, en particular, el rol de la Compañía Neerlandesa de las Indias Orientales, cuyo carácter privado nuestro autor resalta. Se trata de un intrigante relato de espías, en el cual la destreza narrativa del autor logra aportar a una obra de temática geográfico-histórico-política, el singular sabor de las buenas novelas de espionaje. Otra prueba más del notorio polifacetismo analítico y literario del que hace gala del Pozo Gutiérrez.

A efectos de dimensionar la complejidad de la temática propuesta, es menester advertir que el repertorio de tesis abarcado por la obra desborda la cuestión relativa al país que merece el reconocimiento correspondiente al descubrimiento de Australia. En efecto, hilando más en detalle, el libro contiene un untrido número de versiones referidas a múltiples expediciones, cuya reseña —sin duda alguna— sazona la problemática. Lo dicho en el párrafo que seguidamente se reproduce, basta a guisa de mero ejemplo de la aludida complejidad:

"A pesar de que existen otras muchas hipótesis sobre la llegada española en Australia, que van desde un posible viaje de Juan Fernández, pasando por la nave San Lesmes, de la flota de Jofre de Loaysa, que en 1526 se separó del resto en el Estrecho de Magallanes y que conforme a los cientos de teorías sobre su desaparición podría haber estado en tantos lugares del Pacífico que la empresa se antoja imposible, hasta el capitán Lope de Vega que desapareció en las islas Salomón en 1595 y que según algunos historiadores —Martín Montenegro— habría llegado a las costas de Australia estableciéndose en Bondi (Sydney), ninguna de ellas es suficientemente consistente ni ofrece una prueba mínimamente sustentable, por lo que parece razonable centrarse en la de Quirós —ampliamente documentada— para acreditar la llegada de España a Australia al menos al mismo tiempo que los holandeses, a pesar de que tal posible descubrimiento haya sido generalmente obviado durante siglos toda vez que los mapas, cartas y relaciones estuvieron ocultos durante 175 años y fueron recuperados tan sólo por el Memorial de Juan Luis Arias que orientó la travesía del Capitán Cook; la aparición en Inglaterra a principios del siglo XX de la relación del Capitán Diego de Prado y Tovar apuntaló la solidez de la posibilidad española en tal expedición".

Otra de las enriquecedoras cualidades de la presente obra, consiste en los dinámicos "diálogos" que el autor hace entablar entre las diferentes tesis sobre las cuestiones abordadas. Postulaciones, éstas, que del Pozo Gutiérrez siempre expone con indicación prolija de sus respectivas fuentes y exponentes, así como pertrechadas con sus respectivos bagajes probatorios. Genera así un interesante espejo de contrastes, entre posición divergentes. Con incuestionable imparcialidad, ajena a todo favoritismo, coloca a disposición del lector el abanico completo de versiones existentes, poniendo en evidencia los puntos fuertes y débiles de cada una, al mismo tiempo que adiciona otra trama no menos interesante: la suerte deparada —por reflexionados designios, torpes errores o accidentes imponderables— para las pruebas, la difusión y la credibilidad de cada una de las versiones de marras.

También resulta justo destacar aquí otra virtud de la obra: la que proviene de los múltiples mapas que la misma contiene, los cuales, excelentemente acompasados, van acompañando el despliegue de la exposición del autor, ilustrándola. El acertado recurso, amén de aportar mayor amenidad a una lectura que, ya de por sí, resulta agradable, propicia la comprensión del texto y la fluidez en el recorrido del mismo. De este modo, la obra resulta asequible, incluso, para quienes carecen de conocimientos geográficos, sin merma alguna de su calidad científico-académica.

Otra particularidad que distingue al libro que tenemos en nuestras manos: con agudeza de experto, el autor despliega los relatos históricos, aderezándolos con observaciones tan puntuales como asertivas sobre diversos aspectos (espirituales, religiosos, culturales, geopolíticos, etc.) en los que se cifra la especial relevancia histórica y/o el sentido profundo de los acontecimientos reseñados en la narración. A modo de ejemplo, cabe aquí señalar cuando, en referencia a la expedición de Pedro Fernández de Quirós, destaca: "El propio Quirós —religioso hasta el fanatismo— se ocupó de los estandartes a desplegar, con los rótulos 'En solo Dios va puesta mi esperanza' y la Virgen de

Loreto y una corona de oro con las armas de España, 'Tu es Christus filius Dei vivi', zarpando la expedición el 21 de diciembre de 1605". ¡Breve pero contundente!

Además, al momento de ponderar la presente obra, también se impone resaltar que del Pozo Gutiérrez ha demostrado en ella tener la capacidad de determinar la dosis justa de esclarecedoras citas de fuentes directas, acertadamente seleccionadas, consignadas y optimizadas. De este modo, la obra se encuentra a segura distancia del cúmulo de citas de fuentes que torna farragosa la lectura y amenaza con abrumar al lector; pero también de la orfandad o la carestía de las mismas, que hubieran dejado un tanto lábil a la exposición e insatisfecho al lector.

En lo que respecta a la cuestión —en sí— del nombre recibido por Australia, el autor devela un dato poco conocido, brindando certezas al respecto, que conjuran toda duda sobre el particular. Pero, además, al hacer tal revelación, nos sorprende gratamente (al menos, a quienes pertenecemos al mundo hispánico, valoramos la Fe y el Ideal sobre los que aquél fue fundado y tributamos gustosos nuestro respeto más profundo a sus épicos constructores). Dado que haría mal en abusar de la buena fe del amigo lector con un "spoiler", sólo acotaré aquí, a modo de consideración personal, que si, como bien recordaba el literato argentino Leopoldo Marechal, quien recibe un nombre recibe un destino, los australianos deben a los españoles que bautizaron su terruño, mucho más que una denominación relativamente original, curiosa e, incluso, simpática (en el mejor de los sentidos de tal expresión) para su país (la reflexión en torno a este tópico es tarea que concierne y compete, ante todo, a los propios australianos, en tanto hijos y dueños de aquel gigantesco dominio).

Pero, más allá de develar los orígenes del nombre de Australia, cuya profunda significación el amigo lector no tardará en advertir, la obra —con su periplo historiográfico— nos deja en claro que aquellas grandes tierras meridionales fueron, primero, intuidas y pensadas, por los mejores de los antiguos (poetas y filósofos); y, luego, buscadas afanosamente por los más notables hombres de acción de los albores de los tiempos modernos: avezados navegantes, entusiastas aventureros y valientes guerreros, que protagonizaron una suerte de carrera de grandes potencias (España, Holanda y Portugal), movilizada por motivaciones de muy diferente calidad y jerarquía (desde las espirituales y religiosas hasta las económico-lucrativas, pasando por las geopolíticas), pero en todo caso extraordinariamente vigorosas.

Del Pozo Gutiérrez nos deja bien en claro que Australia ha sido causa y, al mismo tiempo, objeto de las más briosas fuerzas que, para bien o para mal, mueven a los hombres y motorizan la historia humana. Así, puede aseverarse sin temor a exagerar que aquellos tempranos albores de los que nacería Australia —si bien, como toda obra humana, no estuvieron exentos de desgracias y bajezas— fueron pródigos en proezas admirables que exigen ser resaltadas. Hazañas, éstas, que, a mayor abundancia, en no pocos casos estuvieron inspiradas e impulsadas por ideales de gran nobleza espiritual, que es la verdadera nobleza.

Es a la luz de esta última consideración que el rol de España ocupa un lugar, si no exclusivo, al menos sí central. Así las cosas, puede aseverarse sin temor a exagerar que la presente obra, amén de recordarnos episodios en gran medida desconocidos u olvidados, ratifica la grandeza histórica de la Patria del autor. Y que lo hace de la mejor manera: simplemente, exponiendo los hechos tal como —hasta donde se sabe— han sido. Hechos, éstos, que, por su importancia objetiva, hablan por sí mismos, sin necesitar de pretensión apologética alguna para su ponderación.

Paralelamente, del Pozo Gutiérrez desmonta la impostura historiográfica que, sin fundamento alguno, le atribuye a Gran Bretaña el descubrimiento de Australia. Falsedad, ésta, reiterada de manera sistemática y asumida masivamente como verdadera por la fuerza de tan machacona repetición. Conforme el autor nos lo explica, Gran Bretaña se hizo presente en el escenario *sub examine* doscientos años más tarde que portugueses, holandeses y españoles, y aprovechando los relevamientos cartográficos y las relaciones de viajes elaboradas —no sin grandes esfuerzos y sacrificios— por los mismos. En efecto, fue con la expedición de James Cook, en la segunda mitad del siglo XVIII, que comenzó la "brutal colonización británica de la isla-continente". Sin perjuicio de ello, el autor, ratificando la solidez de su honestidad intelectual, admite abiertamente que la referida expedición de Cook sirvió para delimitar los contornos de la isla australiana que aún permanecían difusos.

En definitiva, mediante esta obra, del Pozo Gutiérrez hace un acto de justa reparación histórica con España. Por ello mismo, nuestro autor merece ser adscripto a la pléyade de autores que rescatan las glorias españolas que habían quedado sumergidas bajo las toneladas de mendacidades excretadas por la eficaz maquinaria propagandística del imperialismo británico (auténtica fábrica de relatos amañados y mentiras infamantes, que constituye uno de los antecedentes más importantes del *pensamiento único*, la *corrección política* y la *cultura de la cancelación* que conformar el armazón discursivo del globalismo actual). Así las cosas, desde una "latitud" temática impensada, la presente obra hace soplar una original bocanada de aire fresco, por el cual la verdad histórica vuelve por sus propios fueros, blandida y esgrimida por la diestra pluma del autor ibérico.

En sus conclusiones, de Pozo Gutiérrez se expide a título personal (y, huelga aclararlo, de manera sólidamente fundada) sobre la cuestión relativa al descubrimiento de Australia, señalando quiénes —a su criterio— han sido sus verdaderos descubridores. Sin perjuicio de ello, el apego a la verdad que —a todas luces— guía su análisis, le hace admitir otra gran verdad, no siempre tenida en cuenta: Australia es tan grande que, si de su descubrimiento se trata, debe contemplarse muy seriamente la posibilidad una suerte de generosa "coautoría" no programada.

Asimismo, en tales conclusiones, nos refiere una suerte de postrera "guerra" terminológica en torno al nombre definitivo del país en cuestión, poniendo de resalto las serias connotaciones históricas y políticas de la disputa.

Como ya ha sido dicho *ut supra*, sería torpe incurrir aquí en "spoiler" alguno. Así las cosas, nos limitamos a explicitar la invitación que ya ha quedado sugerida implícitamente: no hesiten ni demoren en lanzarse a navegar por las páginas que siguen. Del Pozo Gutiérrez, cual buen comandante, fiel a la gran tradición navegante de sus compatriotas españoles, sabrá guiarlos y conducirlos por una aventura tan exquisita como reveladora.

INTRODUCCIÓN

La gran isla de Australia celebra su día nacional el 26 de enero de cada año en recuerdo del mismo día de 1788 en que Arthur Phillip, en nombre de la corona británica, inició el proceso de ocupación del territorio. Sin embargo, no fueron los británicos los primeros de entre los europeos que llegaron a unas costas cuya existencia ya eran conocidas —o al menos intuidas— antes de ser avistadas. A los escolares australianos se les sigue enseñando que la primera expedición descubridora fue la del barco holandés Duyfken al mando del capitán Janzoon, sin embargo, existen datos contrastados que indican que el español Váez de Torres pudo llegar simultáneamente e incluso antes que los holandeses y en las últimas décadas han aparecido teorías bien fundamentadas sobre un posible descubrimiento previo por los portugueses desde sus bases en la India, China o las Molucas, todo ello teniendo en cuenta que hablar de descubrimiento en el caso australiano y en el sentido etimológico de hallar o encontrar lo que estaba ignorado, es muy diferente al caso americano toda vez que la existencia del continente oceánico ya se presuponía desde la Edad Antigua y los avistamientos que eventualmente se produjeron posteriormente —en lugares muy dispares y distantes— en muchos casos no fueron capaces de identificar la realidad de un nuevo continente.

En cualquier caso, la intervención española —al igual que en todos los descubrimientos del Pacífico— resultó capital y no cabe escribir la Historia de Australia sin mencionar a España. Gracias a los navegantes españoles nuevas tierras, nuevos mares y nuevas estrellas entraron a formar parte del conocimiento del mundo por el ser humano.

Capítulo I

TERRA INCÓGNITA: UNA TIERRA CONOCIDA SIN SER VISTA

A diferencia del continente americano que se interpuso en el camino español hacia las islas de las especias, la Terra Australis Incógnita ya era tenida en cuenta por los europeos desde la Antigüedad.

Tras la llegada de los primeros seres humanos hace unos 60.000 años sólo encontramos en la Historia silencio hasta una utopía griega, escrita por un autor llamado Teopompo alrededor del 350 a.C. en la que dice; «En el proceso de conversación, Selenus le contó a Midas ciertas islas llamadas Europia, Asia y Libia, que el Mar Océano circunscribe y rodea alrededor; y que sin esto mundo hay un continente o parcela de tierra seca que en grandeza es infinito e inmensurable; y habló de sus prados verdes y parcelas de pasto. sus bestias grandes y poderosas, sus gigantescos hombres, quienes, «en el mismo clima nos superan dos veces en estatura, es muchas y diversas ciudades, sus leyes y ordenanzas limpias contrarias a nuestro».

El mundo, pues, consiste en «tres islas», o más bien en una isla compuesta de tres partes, con costas bañadas por el Mar Océano circundante; ¿Qué hay más allá del Mar Océano? ¿Por qué no alguna otra isla enorme, una cuarta? ¿parte del mundo, alguna utopía del Sur, en la que los sueños son los hechos?

Tal fantasía parecía construida sobre cimientos firmes. Los geógrafos griegos eran hombres de ciencia cuyo pensamiento superó la experiencia y conquistó lo invisible. Habían demostrado razonadamente que la Tierra era una esfera y también la existencia de zonas climáticas. Se habían asegurado de que más allá de los cálidos mares tropicales debía de haber alguna gran región en la que el clima era parecido al de la zona templada del norte y con ello más probable que en un kosmos bien ordenado y gobernado en el Sur también existía un continente tan grande como la triple "isla" del mundo conocido; y finalmente que, dado que "la naturaleza ama la vida", este continente desconocido estaba habitado por naciones populosas de seres humanos.

Sin embargo, tal creencia o especulación también tenía sus detractores llegando alguno a declarar pecaminoso creer en la existencia de tierras situadas en aquellos lugares. Lactancio, un cristiano profesor de retórica apodado "el Cicerón cristiano" (260 d.C.), se preguntó si alguien podría ser tan absurdo como para creer que había hombres cuyos pies eran más altos que sus cabezas, lugares donde las cosas colgaban hacia arriba, donde los árboles crecían hacia abajo, y donde el agua caía hacia arriba en lugar de hacia abajo (*Divinarum Institutionum, III. XXIV.*) y la figura mas grande en la iglesia primitiva, San Agustín de Hipona, ratificó tal argumento en argumento en su *De Civitate Dei*: "No hay razón" —escribió— para dar crédito a esa fabulosa hipótesis de los hombres que caminan por una parte de la tierra opuesta a la nuestra, cuyos pies están en posición al contrario del nuestro, y donde el sol sale cuando se pone con nosotros". San Agustín también señaló que la Escritura, la verdadera guía en cuanto a lo que los hombres deberían creer, no decía nada sobre las antípodas y tampoco existía testimonio histórico alguno de la existencia de tales regiones; la creencia en ellos era mera conjetura, totalmente indigna de aceptación.

En cualquier caso, a esa tierra del sur no llegaron griegos ni romanos. El pensamiento era libre de rodear la tierra, pero viajar ya era otra cuestión y el límite de los trópicos parecía insalvable; el conocimiento de África se desvaneció en especulaciones, romances, fábulas y cuentos de hadas. Es cierto que el siempre poco fiable Heródoto escuchó una vez una historia que decía que en 600 a.C. unos marineros fenicios habían navegado por el Mar Rojo y regresado tres años después por el Mediterráneo. Al llegar habían declarado y así le contaron la historia a Heródoto, que navegando hacia el sur el sol había aparecido por el norte; una declaración que le parecía probar que los marineros eran unos mentirosos, pero que el crítico moderno se inclinaría a tomar como prueba de que habían en navegado hasta algún punto al sur del ecuador.

El conocimiento del sur de Asia también terminó en los trópicos. Alejandro Magno marchó hacia el Sutlej (India) y dijo a sus soldados que habían ido a ver «El amanecer y el océano» «y desde allí regresaremos triunfantes a nuestra tierra natal, habiendo conquistado la tierra hasta sus confines más remotos», pero la marcha de Alejandro se detuvo. Navegó por el Indo y en su desembocadura fundó la ciudad de Patala, un nombre que permaneció durante mucho tiempo en la mente de los hombres como el nombre del Extremo sur, «donde el sol sale por la derecha» (es decir. el norte), y las sombras caen hacia el sur, donde el Carro sólo se puede ver en la primera parte de la noche. Entonces La India, al igual que África siguió siendo la tierra del romance, pero rica en oro y en joyas, elefantes y dragones y la leyenda se superpuso a la Historia.

En la época romana posterior se adquirió algún conocimiento vago y distorsionado de las costas de la India, de Ceilán —conocida como Taprobane— y de tierras doradas o islas al este del Golfo del Ganges, y de la «Tierra de la Seda» (Sérica) al norte. Se pensaba que Ceilán era una isla a lo lejos, y de enorme tamaño. Plinio escribió que un liberto romano, mientras navegaba por Arabia, fue conducido en el mar por el viento del norte y al decimoquinto día llegó a Taprobane. Allí permaneció seis meses y el rey se interesó tanto en su charla sobre los romanos y César, que remitió enviados a Roma que informaron que en su país Canopus «brillaba de noche una gran y estrella brillante» y «lo que más les asombró fue que (en Roma) sus sombras caen hacia nuestro cielo (es decir, el norte), no hacia el suyo (es decir, el sur)» Algunos escritores pensaron que Taprobane no era una isla, sino la punta del gran desconocido continente del Sur, «la primera parte del otro mundo», el tierra de los «Antíctonos» y, dice Pomponio Mela, esto es bastante probable; porque está habitada, y sin embargo no hay evidencia.

Por su trascendencia —al menos en cuanto a su nomenclatura— merece ser destacado el Mapamundi de Turín, un manuscrito del Apocalipsis escrito en el siglo VIII con Adán y Eva en la cima y los rasgos característicos del paisaje asiático representados por varios montañas y ríos. Asia, Europa y África están representadas como separados entre sí por extensiones de mar trazadas en ángulo recto; Se indican el Golfo y el Océano Índico, pero no tienen nombre. De los dos islas en el extremo este, se muestra el nombre de Crisa y está representando a Quersoneso Dorado o Sumatra; la otra isla puede estar representando a Java.

Existe una parte del mapa especialmente interesante. Al sur de África y Asia, y separada por el Océano Índico, una cuarta parte del mundo está representado más allá del ecuador. Esta cuarta parte del mundo soporta la siguiente leyenda latina escrita justo enfrente: *Extra tres autres partes orbis quarta pars trans oceanum interior est qui solis ardore incognita nobis est cuius finibus Antipodes fabalatore habitare pduneur.* Además de estas tres partes del mundo hay una cuarta parte más allá del océano interior (Océano Índico, supuesto por algunos como un océano Mediterráneo, de ahí el término océano interior), que a causa del calor del sol nos es desconocido, y dónde pueden estar las fabulosas antípodas.

Este es entonces el origen de la Terra Australis Incognita; al menos es hasta ahora la primera representación que tenemos de él en un mapa. Tampoco podemos argumentar que, debido a que está redactado de manera tosca, no fue conocido, porque Asia, Europa y África están distribuidas de la misma manera. La disposición geométrica del mappamundi apunta a una época arcaica y fue conservado en mapas posteriores, y especialmente árabes.

Descripcionis Ptolemaicae Augmentum siue Occidentis notitia de Cornelius Wyfliet (siglo XVI)

Así, el mundo de la geografía clásica ordinaria concebido por griegos y romanos en la era cristiana, se detiene muy cerca del ecuador. La costa occidental de África termina aproximadamente en Sierra Leona o las Islas Canarias. La costa este termina en el Cabo Gardafui (Somalía). Un Ceilán tremendamente incomprendido es al mismo tiempo el más lejano Sur y Extremo Oriente. Y al Sur, desconocido, incognoscible (a menos que Ceilán sea su "primera parte"), reside la gran isla-continente del Sur, una tierra interesante para los hombres de ciencia como una especulación curiosa, para los de letras como un lugar para utopías, y para los retóricos como ilustración de las ambiciones humanas y la pequeñez del Imperio al que Júpiter no había puesto límites ni fin. Todo ello aderezado por la dificultad que supone separar las verdaderas enseñanzas de los primeros filósofos de los errores introducidos posteriormente y que cristalizaron en las primeras ediciones impresas de sus obras que aparecieron a principios del s. XVI.

Fue Claudius Ptolomeo en el año 150 quien avanzó en tal idea al sostener que lo desconocido no eran simples mares sino tierras. En su mapa el borde septentrional de un continente llamado «Terra incógnita» comprendía una porción de la costa de Australia, pero conectada al este y al oeste por una línea continua. Ptolomeo creó una detallada red de coordenadas, calculando la latitud de los distintos lugares mediante la altura de los astros y la duración del día, encontrando los mismos problemas que sus predecesores respecto a la longitud. Su objetivo era la creación de un mapa, que logró levantar mediante un sistema de proyecciones cónicas. Al parecer, Ptolomeo rescató la idea del continente austral de dicha tradición helenística, y en concreto de una de sus últimas versiones, debida al citado Pomponio Mela, un geógrafo romano nacido en Algeciras cuya tesis era que la simetría exigía la presencia del continente austral y de esta manera, entre la leyenda y la necesidad geométrica el mito de la Terra Australis llegó desde el mundo antiguo hasta la Edad Moderna. Su realidad explicaría algo que los geógrafos llevaban siglos intentando razonar: la desproporción entre mares y tierras que había en los hemisferios norte y sur haría imposible mantener el equilibrio del planeta que no podría rotar sin desplazarse de su eje al ser las masas continentales mucho mayores en el hemisferio norte; la existencia de un continente austral devenía entonces necesaria actuando a modo de "contrapeso". Tenía que existir, aunque nadie lo hubiera visto.

También había voces contrarias; por una de esas habituales ironías de la historia, hoy en día existen iglesias dedicadas a San Agustín en las antípodas, lugar cuya existencia él mismo negó. Isidoro de Sevilla, sin embargo, no vio ninguna objeción a la creencia en las antípodas y Virgilio, uno de los sacerdotes irlandeses que en el siglo VIII fueron enviados a evangelizar Europa central, parece haber aceptado la creencia en la existencia de tierras en las antípodas de la lectura de libros antiguos. En el año 748 d.C. afirmó que había otro mundo, habitado por otros hombres «sub tierra» y por esa herejía fue atacado por San Bonifacio, condenado por el Papa Zacarías y obligado a repudiar su creencia.

La influencia ptolemaica en las épocas posteriores fue absoluta; los primeros mapas del mundo, a diferencia de los globos terráqueos, soportan la mayor parte de las desproporciones de la geografía ptolemaica, La influencia del sistema astronómico y geográfico ptolemaico fue tan grande que duró más de mil trescientos años. Incluso los árabes, que después la caída del Imperio Romano, desarrollaron el conocimiento geográfico del mundo durante el primer período de la Edad Media, adoptaron muchos de sus errores hasta que en el siglo IX, el califa abasí Al-Mamun hizo traducir la geografía de Ptolomeo, que se convirtió en el Almageste, o Gran Libro de los Árabes, en el cual a través de la experiencia adquirida en sus viajes al este y al sureste, los árabes realizaron muchas mejoras en sus mapas. Una muy importante fue la introducción en su mapas del Océano Índico: después de haber sido establecido como un Mediterráneo, o mar cerrado por sus predecesores, lo representaron como un mar abierto, como en los días de Homero y en la geografía de Eratóstenes. En ellos también pervivía la idea de que el continente austral «tenía que existir».

Capítulo II

LA EDAD MODERNA; EL RENACIMIENTO Y LAS EXPLORACIONES MARÍTIMAS

Ptolomeo fue traducido por los árabes e introducido por éstos en Occidente, más con los descubrimientos portugueses y españoles, muchas de sus ideas respecto a la configuración del hemisferio meridional quedaron modificadas. Sin avistamientos claros los geógrafos más prestigiosos se enfangaron en un monumental lío sobre la ubicación concreta del continente.

El español Fernández de Enciso, en su *Summa de Geographia* (1519) habla de una «tierra austral» a una distancia de unas 450 leguas al este del Cabo de Buena Esperanza y algunos autores posteriores, basándose en tal error, colocan el continente en los lugares más variopintos mientras los más respetados Mercator y Ortelius afirman la continuidad de Tierra del Fuego con «Terra Australis» atribuyendo el descubrimiento austral a Magallanes cuando inscriben en sus mapas: «Hanc continentem australem nonulli Magellanican regionem ab ejus inventore nuncupan» (Este continente austral es llamado por algunos región de Magallanes en honor a su descubridor). Quizá la que más se acercó fue la Escuela francesa de Dieppe en sus manuscritos entre 1540 y 1566 basados al parecer en mapas portugueses.

Por lo que respecta a Abraham Ortelius y Gerardus Mercator, éste en su mapamundi de 1538 y después en el de 1569, comparó las cartas náuticas de españoles y portugueses y actuó como elaborador en tanto que Ortelius lo hizo como coleccionador de materiales. En el segundo, denominó "Provincia aurífera" a la región hoy identificada como distrito de Kimberley y la masa de tierra que dibujó al Sur la denominó Continente Magallánico, por haber sido el hispano-portugués quien había probado su existencia. Para el australiano Collingdridge «Mercator, al intentar modificar la cartografía de su tiempo, la estropeó en muchos aspectos, y produjo ciertamente gran confusión en la porción oriental y en la zona de Australasia». El mapamundi de Ortelius, del año 1570, sigue en muchos detalles y en su nomenclatura al de Mercator, pero el caso es que ninguno de ellos consiguió desvelar los secretos de la configuración de la Terra Australis Incógnita si no que arrojaron más oscuridad, si cabe, sobre el asunto.

Pero si hubo un momento en el que la polémica sobre la existencia de tierra en las antípodas quedó zanjada, ese fue el de la llegada de los portugueses y españoles a la zona.

Pigafetta, compañero de Magallanes en su viaje y su cronista, relata que cuando los barcos partieron del estrecho en 28 de noviembre de 1520 navegaron durante tres meses y veinte días y «en verdad es un Océano pacífico, porque en todo ese tiempo no sufrimos ninguna tormenta. El Pacífico fue amable con sus descubridores, y sus islas bordeadas de coral parecían estar situadas en una región donde «es siempre por la tarde». «El Polo Antártico» —escribió Pigafetta— «no está tan bien provisto de estrellas como el Ártico, pero se ven muchas estrellas pequeñas agrupadas, que tienen la apariencia de dos nubes de niebla (nebulosas). Hay poca distancia entre ellas y son bastante oscuras". Ese fue el primer registro realizado por los europeos de las nubes estelares conocidas desde entonces como Nubes de Magallanes. Poco después vieron otras estrellas; «cuando estábamos en el medio de aquella extensión abierta, vimos una cruz con cinco luces muy brillantes. estrellas directamente hacia el Oeste, que están colocadas muy exactamente con respecto el uno al otro» (es decir, son equidistantes entre sí), una descripción de la Cruz del Sur suficiente para su identificación, aunque no es enteramente exacta. Magallanes moriría en Filipinas, pero la nao Victoria al mando de Elcano en su regreso a España se especula que se acercó a la costa occidental de Australia si bien tal circunstancia no está respaldada por un estudio cuidadoso de la narrativa de Pigafetta. Él describe Timor, pero el viaje desde esa isla hasta el Cabo de Buena Esperanza no habría acercado a la nao Victoria a cien millas de Australia. El descubrimiento del Pacífico, sin embargo, con españoles navegándolo de un extremo a otro y con los portugueses descubriendo la ruta del Cabo hacia la India puso a las antípodas en el mapa.

Así, el conocimiento de la distribución general de la tierra y agua experimentó un importante avance después del viaje de Magallanes a través del Pacífico; Terra Australis fue ocupando poco a poco el lugar que le correspondía como zona independiente. En la división de la tierra ya no se la consideraba una zona insular de un área comparativamente pequeña, como habían supuesto los cartógrafos de los primeros años del siglo XVI, ni como estirando a través del Pacífico Norte en una latitud comparativamente baja para unirse las partes orientales de Asia, como se había mostrado en mapas que databan de mediados de siglo. La idea de un estrecho que separaba los dos continentes del extremo norte (el ansiado Paso del norte) ya estaba ganando terreno, aunque aparentemente con escaso fundamento.

Se había hecho mucho menos para aclarar las incertidumbres respetando el supuesto Gran Continente Austral al que desde los primeros tiempos había apelado a la imaginación de los filósofos, y cuya investigación fue la pieza más importante de trabajo geográfico que quedaba por hacer. Incluso antes del viaje de Magallanes, los geógrafos creían firmemente en la existencia de tierra más allá del océano austral, y esto se fortaleció enormemente por su paso por el estrecho que lleva su nombre, ya que naturalmente se imaginaba que la tierra al Sur del estrecho formaba parte de una gran masa continental. Los geógrafos antiguos y medievales no habían basado en modo alguno sus ideas en vagos rumores sobre Australia que hubieran podido llegar de los países del sur de Asia, pero se ha sostenido con cierta razón que informaciones de Marco Polo, Varthema y otros viajeros señalaban que una extensa tierra se encontraba al sur del archipiélago malayo.

La siguiente tarea para los cartógrafos, una vez la esfericidad de la tierra quedó demostrada, fue determinar lo que quedaba por descubrir; se pusieron a trabajar para construir mapas y globos terráqueos con el fin de determinar claramente las proporciones de la superficie no descubierta del globo. Hubo un auge en la creación y construcción de éstos y los documentos más antiguos se utilizaron hasta que se obtuvieron datos nuevos, pero a medida que el mundo se iba ampliando se pensó que era conveniente ampliar las dimensiones de las distintas configuraciones de la tierra y el agua, y en este proceso las regiones conocidas más distantes fueron las que más sufrieron.

Sin embargo, el esfuerzo por encajar el nuevo conocimiento en el antiguo esquema de la cosmografía ocasionó un nuevo y gigantesco error. Un gran continente austral, que nadie había visto nunca, pero que muchos suponían que debía estar allí, fue colocado sobre una sucesión de mapas del mundo y como no había información fiable al respecto se fue generando una gran ficción geográfica que bajo el nombre de Terra Australis Incógnita fue situada aleatoriamente en los mapas al este del Índico, al sur del Pacífico como parte del territorio antártico y en los lugares más variopintos, lo cual vino a arrojar más confusión si cabe sobre el asunto. Así las cosas, el lío no se deshizo hasta el siglo siguiente en que la enorme isla de Australia comenzó a ser avistada por diferentes puntos cardinales. La exploración, pues, fue clave para determinar no ya la existencia sino la ubicación y configuración de la isla y sobre quien fue el primero llueven tanto las hipótesis como la escasez de datos fiables.

Mapamundi de Ortelius (1587) con la Terra Australis como parte de la Antártida.

En cualquier caso y fuera quien fuese el primero, tras ese primer encuentro o descubrimiento de la isla hubo un proceso de acercamiento que tardó años en materializarse a través de viajes esporádicos. Dicho proceso estuvo aderezado por dos circunstancias determinantes: la unión dinástica de España y Portugal con Felipe II y Felipe III y la posterior independencia de Holanda de la corona española. Ambos, portugueses y holandeses, tienen mucho que decir en el descubrimiento de Australia.

Queda descartada la posibilidad de una presencia aún esporádica de otras civilizaciones en la isla antes de las europeas. Lo que parece seguro, en medio de tanta incertidumbre, es que los nativos australianos vivieron desde su llegada y durante siglos en casi completo aislamiento. Su civilización era muy pobre y no hay rastro de cualquier elemento extraño a su medio o de cualquier influencia extranjera ejercida sobre ellos. Australia era totalmente negra y a pesar de que la India destacó como el corazón mismo del viejo mundo, mantenía su posición como la principal potencia marítima y tenía colonias en Camboya, Java, Sumatra, Borneo e incluso en los países más al este, hasta Japón y contaba con asentamientos comerciales en el sur de China, en la península Malaya, en Arabia, en las principales ciudades de Persia y por toda la costa oriental de África, no consta que en momento alguno tuviese la intención de hacer lo mismo en Australia por lo que si los indios llegaron, sin duda descartaron aquel territorio por su escaso interés y es que ni siquiera consta que los corsarios y piratas de Java —menos remilgados que los Indios— alcanzasen la Costa noroeste de Australia.

Capítulo III

PORTUGAL

En 1428, el hermano del Infante Enrique el Navegante, Dom Pedro, después de muchos años de viaje, regresó a Portugal con un impagable regalo que había recibido en Venecia: una copia de los viajes de Marco Polo que había sido conservada por los venecianos como un tesoro junto con un mapa que se suponía que había sido original o copia de uno del ilustre explorador. Al regresar Dom Pedro se dedicó como su hermano el Infante Enrique a estudios científicos, entre los cuales el arte de la cartografía ocupó un lugar destacado y no hay duda de que el estudio del Manuscrito de Marco Polo y el mapa traído de Venecia fueron un extraordinario estímulo para el infante portugués que habría de llevar a su país a la gloria y la riqueza y situarlo en el olimpo de los exploradores y descubridores. Con Enrique llegó el amanecer de la época dorada de las exploraciones en el mundo entero.

Las Molucas fueron alcanzadas por vez primera por el portugués Francisco Serrao en 1512. Allí consiguió una alianza con sultán Bayan Sirrullah, pero no sería hasta diez años después cuando Antonio de Brito puso los cimientos del Fuerte de Sáo Joáo en Ternate. Los portugueses, por lo tanto, llevaban la delantera a todos los demás en la zona.

América —y por lo tanto los españoles— estaba muy lejos y por ello todas las ventajas logísticas estaban del lado de Portugal y se reforzaban con un conocimiento mucho más detallado y comprensivo de las tierras y mares que rodeaban las Molucas.

En ese contexto cuesta creer que los portugueses no alcanzaran, o al menos avistaran, las costas australianas y eso es precisamente lo que afirma el historiador australiano Kenneth MacIntyre al sostener que entre 1521 y 1524 el portugués Cristóbal de Mendoza al mando de una flota de tres carabelas cartografió la costa este de Australia

Cristóbal de Mendoza

Precisamente la sempiterna falta de claridad del antimeridiano de Tordesillas habría provocado la ocultación de la navegación tan oriental de Mendoza. Se sabe que Mendoza salió de Lisboa en abril de 1519 rumbo a la India en una armada de 14 barcos al mando de Jorge de Albuquerque, llegando a Goa (India) y que el mismo año zarpó de Malaca con tres barcos en una expedición para descubrir la llamada «Ilha do Ouro» o las llamadas «Islas de Oro», entonces supuestamente situadas al sur de las Indias Orientales. La existencia de esta expedición es recogida por el conocido historiador portugués João de Barros en su obra *Décadas da Ásia*, una historia del Imperio portugués en India y Asia, publicada entre 1552 y 1615, aunque Barros no ofrece detalle alguno de la misma y tan sólo se limita a señalar que Mendoza construyó un fuerte en Sumatra. Se sabe que zarpó de Goa en marzo de

1521, pero no existe documentación escrita sobre dónde estuvo ni lo que hizo, si bien consta que el 10 de enero de 1522 regresó a Malaca para repostar y partió de nuevo. Lo que existe escrito sobre estos movimientos de Mendoza es narrados por el cronista oficial, Joao De Barros, diciendo que Mendoza partió para «áreas con esperanza de ser descubiertas» y habría prometido que daría cuenta de sus viajes y de lo que habría descubierto —lo que nunca hizo— afirmando los defensores de la teoría portuguesa que habiendo ordenado el rey Manuel I que la misión de Cristóbal de Mendoza fuese secreta, ciertamente Joao de Barros no habría sido autorizado a revelar o registrar aquello que era considerado por el rey como secreto.

Posibles rutas de Cristóbal de Mendoza

Pero MacIntyre insiste en el descubrimiento australiano del portugués y para ello se agarra al conocido «Mahogany Ship» (barco de caoba), el pecio de una nave hundida cerca de Warrnambool, Victoria, que podría ser portuguesa.

Con tan escaso bagaje probatorio el autor australiano pretende acreditar que Mendoza al mando de una flota de tres carabelas cartografió la costa este de Australia y que una de las carabelas navegó a lo largo de la costa sureste de la isla y naufragó en algún lugar cerca de Warrnambool. Los motivos que aduce para justificar el hecho de que la exploración de Mendoza sea desconocida rayan la simpleza: la ocultación portuguesa por temor a incumplir el Tratado de Tordesillas y la pérdida de la documentación en el terremoto de Lisboa de 1755. Por el contrario, para reforzar su teoría del descubrimiento portugués, MacIntyre aporta otro curioso dato que este caso aparece contrastado: el capitán inglés Arthur Phillip, héroe británico y australiano por ser el fundador de Sydney, el primer asentamiento de la isla, estuvo enrolado en la marina portuguesa tal y como descubrió el General Jacintho Ignacio de Brito Rebello, Bibliotecario Principal y Custodio de los Registros del Archivo Nacional de Lisboa.

Los mapas de Dieppe

La última prueba en favor del descubrimiento portugués la constituía la afirmación de que fue Mendoza quien navegó por la costa oriental de Australia y proporcionó cartas que llegaron a los Mapas de Dieppe, que se incluirán como «Jave la Grande» en 1540, pero que coincidirá con Australia Oriental y tal es la teoría del australiano Peter Trickett que en su obra *Beyond Capricorn* (2007) afirma que los portugueses navegaron por las costas este y sur de Australia con fundamento en el atlas «Vallard» de 1547 perteneciente a los mapas de Dieppe en el que numerosos puntos geográficos aparecen con nombre portugués. No obstante sigue resultando llamativo que ni los portugueses lo registraran en un diario del viaje ni plasmaran una mínima cartografía y que sin embargo el resultado de su viaje aparezca en mapas franceses.

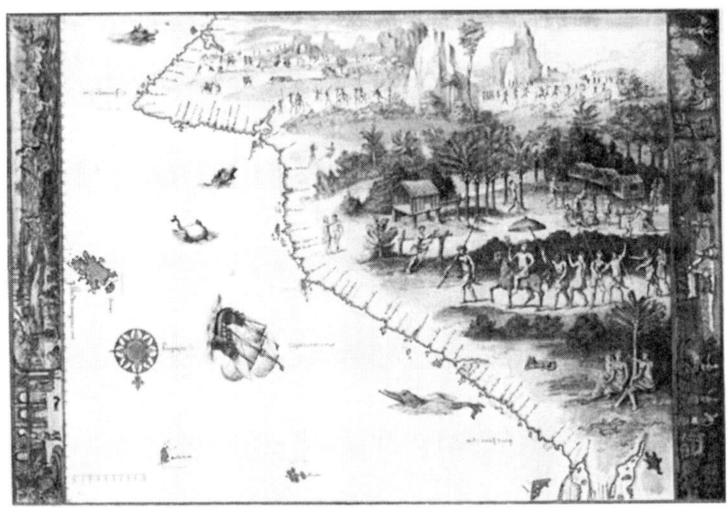

Atlas Vallard de la Escuela de Dieppe

También Richard Henry Major, archivero de mapas del Museo Británico intentó en 1859 por primera vez demostrar que los portugueses llegaron a Australia antes que los holandeses, ya que los mapas de Dieppe ya citados —representando una gran masa de tierra entre Indonesia y la Antártida etiquetada como Java la Grande— tienen topónimos franceses y portugueses, lo cual conforma su principal evidencia.

Perseverante en su teoría, en 1861 Major anunció el descubrimiento de un mapa de Manuel Godinho de Eredia afirmando que demostraba una visita portuguesa al noroeste de Australia, posiblemente fechada en 1601, pero se acreditó que los orígenes del mapa eran de 1630 y finalmente al localizar y examinar los escritos de Eredia, Major se dio cuenta de que el viaje planeado a tierras al sur de Sumba en Indonesia nunca había tenido lugar. Major publicó una retractación en 1873, pero su reputación quedó destruida.

Para entonces el también británico Edward Heawood estaba ya siendo despiadado con las teorías de Major; en 1899 señaló que el argumento a favor de que las costas de Australia se alcanzaron a principios del siglo XVI por los portugueses se basaba casi por completo en la suposición de que, en ese momento, «un cartógrafo desconocido dibujó una gran tierra, con indicios de un conocimiento definitivo de su costas, en el cuarto del globo en el que se encuentra Australia». La delimitación de Japón en los mapas de Dieppe, la inserción en ellos de una Isla de los Gigantes en el sur del Océano Índico y de Catigara en la costa occidental de América del Sur, y en sus versiones posteriores la representación de una costa ficticia de un continente austral. con numerosas bahías y ríos, mostró la escasa confianza que se les tenía en las partes periféricas del mundo y la influencia que todavía ejercían sobre sus creadores los antiguos escritores y concluyó que «Esto debería hacernos dudar en basar una suposición tan importante como la de un descubrimiento de Australia en el siglo XVI basándose en su testimonio sin fundamento».

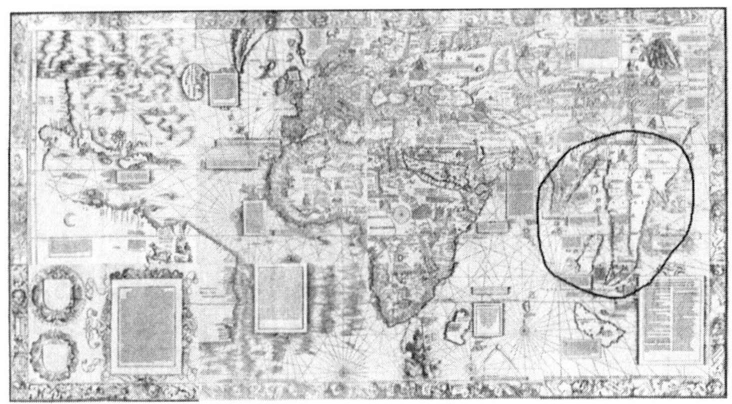

Carta Marina de Waldseemüller (1516)

La evidencia no respalda estos mapas, que en otras partes periféricas del mundo contienen muchos detalles hipotéticos; sin embargo, difícilmente se puede justificar cualquier conclusión positiva. Cabe afirmar que algunas de las conclusiones aproximadas del bosquejo de Java la Grande hubieran sido simples «rellenos» sin fundamento fáctico alguno al no haberse abordado por ningún teórico de los mapas de Dieppe la correspondencia entre éstos y la realidad física que dicen sostener sino tan sólo la posible semejanza de nomenclatura a todas luces insuficiente para soportar por sí misma el descubrimiento portugués. La Carta Marina de Waldseemüller (1516) tiene una representación de Java que puede ser considerada como un primer paso hacia la Gran Java de los mapas, pero su indefinición y superposición con otros territorios ya conocidos solo consigue ahondar más en la falta de sustentación de la hipótesis de los mapas de Dieppe.

Lógicamente las hipótesis de McIntyre y Trickett no sentaron bien en ciertos sectores y así mientras el historiador australiano George Collingridge en su obra *El descubrimiento de Australia* afirmaba que los mapas de Dieppe fueron la clave para demostrar que los portugueses sí descubrieron y cartografiaron la costa de Australia, su colega Heawood criticaba la identificación de Collingridge de Java la Grande como Australia, señalando que era la moda de los cartógrafos franceses del siglo XVI llenar los espacios vacantes en las regiones del sur con continentes que eran más el resultado de especulaciones filosóficas que de un registro fáctico. Por su lado MacIntyre sugirió que las discrepancias entre Java la Grande y la costa australiana se debían no a la ficción sino a las dificultades de registrar con precisión las posiciones sin un método fiable para determinar la longitud, lo cual es más que posible, pero el gran historiador João de Barros (1496) —el Tito Livio portugués— atribuye a las violentas corrientes de Java a las que están expuestos los barcos las nociones exageradas que habían prevalecido en cuanto a la extensión de la isla.

Respecto a la posibilidad de fundamentar el descubrimiento portugués en los mapas de Dieppe son muchos los autores —entre ellos el profesor australiano Ernest Scott, *Descubrimiento australiano por mar*— que sostienen que el más engañoso de este grupo de mapas fue el dibujado para el hijo de Francisco I de Francia, el Delfín que luego fue rey Enrique II. Durante cierto tiempo se creyó que se había preparado a partir de algún original portugués para aportar pruebas de que los navegantes portugueses conocían al menos parte de la costa de Australia entre 1511 y

1529; pero un examen más detenido ha disipado que creencia por completo. El creador del mapa era posiblemente Pierre Desceliers de Arques. En cualquier caso, un mapa sin duda elaborado por él no más de veinte años después muestra un contorno costero muy similar al del "Dauphin" y está decorado de manera similar con figuras humanas, animales y otras. Ambos mapas muestran a hombres construyendo casas de madera. Están representados camellos y ciervos; y en el segundo podemos encontrar también elefantes, un templo, un edificio almenado como un fortaleza y personas vestidas con ropas hechas de alguna tela tejida.

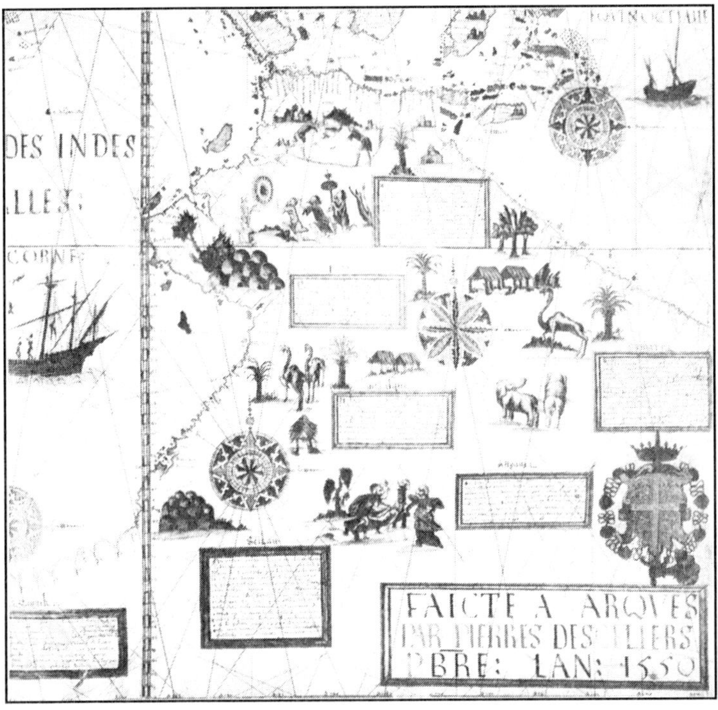

Mapa de Java la Grande de Desceliers, 1550

Esos detalles no pueden ser representativos en absoluto de nada de lo visto en Australia, donde no existían tales animales ni personas que usaran telas, que conocieran el uso de herramientas de construcción, o que construyeron casas.

Para Scott lo que posiblemente sucedió fue que el cartógrafo quería ilustrar por medio de estas pequeñas figuras la vida de la gente de Java. También tenía ante sí una copia del mapa de Ptolomeo; Entonces conectó Java con el esquema imaginario de Ptolomeo de Terra Incognita, y también con el contorno de la tierra que Magallanes vio al sur cuando navegó por su estrecho en 1520. Pero al hacerlo no le gustó el aspecto de la línea sencilla de Ptolomeo, por lo que lo serró. De hecho, atribuyó nombres a los dientes de la sierra como si fueran cabos reales y mostraran ríos desembocando en lagunas. Obtuvo un mapa bonito y de aspecto misterioso que geográficamente era un engaño. No hay tierra donde Desceliers marcó esos cabos y arroyos. No hay ningún continente que se extienda desde Java. a Sudamérica por un lado y al sur de África por el otro. otro. Al unir Java con la línea de Ptolomeo necesariamente cubría el área donde estaba el verdadero continente de Australia, y accidentalmente produjo un cierto parecido engañoso con parte del contorno de esa tierra, pero no prueba avistamiento alguno sino más bien todo lo contrario.

El problema de la falta de acreditación portuguesa y de fuentes primarias fiables supone que su reivindicación haya de moverse en el terreno de las teorías y que de la misma forma que existen algunas a favor, las haya también en contra y así la de W. A. R. Richardson en *The Portuguese Discovery of Australia: Fact Or Fiction?* quien en el proceso de argumentar a favor de una línea costera vietnamita problemática en lugar de australiana para Java la Grande consideró que Dalrymple (y por defecto McIntyre después de él) había sido víctima de traducciones erróneas de topónimos, señalando la posibilidad de traducciones erróneas francesas de "Mui Varella" (el cabo más nororiental de Vietnam) como "Costa dauraella" en lugar de "Costa da varella". Para Richardson, habría sido bastante plausible que los navegantes portugueses transcribieran incorrectamente "danarella" o "dangarella", seguido de una traducción errónea en francés como "peligrosa", siendo ésta la que se encuentra en la representación de Java la Grande.

Pero la teoría del descubrimiento portugués había encallado ya inicialmente en su propio ámbito nacional. En 1889 el reconocido historiador portugués Joaquim Pedro de Oliviera Martins había concluido, mientras analizaba el mapamundi de 1521 de Antoine de la Salle, que Java la Grande no era evidencia que respaldara la exploración portuguesa temprana. Martins concluyó que las características encontradas en el mapa se originaron con descripciones de islas del «Archipiélago de la Sonda» (al oeste de Malasia) más allá de Java que habían sido recopiladas por informantes, en lugar de los propios portugueses.

No obstante —interpretaciones cartográficas y ausencia de datos contrastados aparte— el hecho de que los portugueses ya estuviesen aposentados en la zona durante el siglo XVI favorece la hipótesis de que fueran los primeros en llegar —con Cristóbal de Mendoza o con cualquier otro— a Australia, pero no existen fuentes primarias que así lo acrediten y el Atlas Vallard sugiriendo la costa oriental no parece prueba suficiente más aún teniendo en cuenta que la misma se encuentra precisamente en la parte australiana más alejada de las bases portuguesas de las Molucas y que para llegar hasta ella hubieran debido navegar primero bien por la costa oeste, bien por el norte de Nueva Guinea o bien por el Estrecho de Torres, resultando ciertamente extraño entonces que se hubiese cartografiado solamente una de las costas y no el resto. Pero lo cierto es que el Atlas tan sólo recoge la costa Este y no la Sur con la extraordinaria trascendencia que tendría esta última al acreditar la separación entre la Terra Australis y la Antártida, circunstancia ésta no contemplada por los grandes cartógrafos de la época (Ortelius, Mercator) ni por los posteriores. Lógicamente, si se encontrasen los restos del «Mahogany Ship» y su datación coincidiera con el viaje de Mendoza, la cuestión podría cambiar, pero sin ellos y sin pruebas fehacientes de viajes exploratorios la posibilidad portuguesa se desvanece.

Capítulo IV

HOLANDA

La definitiva separación de Holanda de la monarquía hispánica supuso un extraordinario aumento de la libertad de maniobra para comerciantes y navegantes neerlandeses. La errónea decisión de prohibir a los comerciantes de Amsterdam comerciar con Lisboa, amenazándolos con la ruina, obligó a éstos a buscar un comercio independiente con el este, y aunque durante un tiempo cometieron el error de buscar una ruta hacia el norte, pronto resolvieron audazmente entrar en competencia abierta con los portugueses rompiendo así el monopolio hispano-portugués en el lucrativo comercio de las especias y así en 1595-96 zarpó la primera flota holandesa hacia la India. Para ello no siguieron los patrones de sus competidores en cuanto las acciones de éstos estaban siempre dirigidas por sus respectivas Coronas; los holandeses prefirieron dejar tal iniciativa en capital privado.

Las halagüeñas perspectivas del nuevo negocio desataron la euforia en Holanda y comenzaron a zarpar numerosas flotas desde los puertos holandeses cuyos comerciantes competían entre sí en sus esfuerzos por asegurar una participación en el nuevo negocio. En 1598 los comerciantes de Amsterdam y Rotterdam enviaron una flota de ocho barcos al mando de J. van

Neck y W. van Warwijck, que llegó a Banda, Amboina y las Molucas, además de visitar Java.

Se establecieron estaciones comerciales en Java y Ceilán, así como en las costas de Malabar y Coromandel (India). En 1607, los holandeses se habían apoderado de las Islas de las Especias y tenían puestos comerciales en todos los países del este desde Persia a Japón. En 1611 Pieter Both, el primer gobernador general, estableció un puesto en Jacatra (Java), a cierta distancia al este de Bantam, dándole el nombre de Batavia, que a partir de entonces se convirtió en la capital de las posesiones holandesas.

La Compañía Neerlandesa de las Indias Orientales

La Vereenigde Oostindische Compagnie (Compañía Neerlandesa de las Indias Orientales), por sus siglas, VOC, fue creada en 1602 cuando los Estados Generales de los Países Bajos fusionaron varias compañías preexistentes en una sociedad por acciones concediéndole un monopolio para realizar actividades comerciales en Asia, es decir en el comercio.

Tal comercio no era otro que el de especias como la nuez moscada, la macis, la pimienta o el clavo de olor, que se producían en las Islas Banda, archipiélago incluido en de las Molucas, al sureste del continente asiático y que se encontraba dentro del territorio controlado por los portugueses, circunstancia ésta que no arredró a los holandeses que en pocos años habían establecido numerosas bases en la zona y comerciaban a sus anchas. Todos los descubrimientos holandeses, por lo tanto, se hicieron en nombre y por cuenta de la Compañía y no de su país.

Espías

Pero la llegada holandesa a las Indias Orientales precisó de un conocimiento previo de los territorios y su interés comercial, datos que se obtuvieron a través de sendos comerciantes-espías. El primero de ellos, Jan Huygen van Linschoten, se las arregló para entrar al servicio del arzobispo de Goa (India), donde residió durante trece años en los cuales recopiló pacientemente toda la información que pudo sobre el comercio de los portugueses y todos los detalles sobre el viaje a la India y las Islas de las Especias, llegando a publicar un libro en Holanda (1595) y posteriormente en Londres (1598) titulado *Discours of Voyages into the East and West Indies* que tiene toda la apariencia de ser una traducción del Tratado de Geografía del portugués Barros. Los mapas que acompañan el texto en la obra de Linschoten son de origen portugués, como lo demuestran su nomenclatura y sus notas originales, que ni siquiera se molestó en modificar.

El segundo fue un tal Cornelius Hootman cuyas pesquisas en Lisboa para hacerse con información no debieron ser nada discretas al punto que la Corte portuguesa prohibió a todos los extranjeros hacer tales consultas. Hootman fue encarcelado hasta que abonara una cuantiosa multa cuyo pago estaba largamente fuera de su alcance por lo que se dirigió a los comerciantes de Amsterdam y les hizo saber que si pagaban su multa, les informaría de todo lo relacionado con las Indias Orientales, aceptando éstos y produciéndose el trueque.

Fueron así los mapas portugueses que cayeron en manos holandesas lo que permitió a éstos llegar a Indonesia. Una vez allí, en noviembre de 1605, el velero Duyfken al mando de Willem Janszoon zarpó del asentamiento holandés de Java para explorar Nueva Guinea y en marzo de 1606 navegó por la península del Cabo de York y el Golfo de Carpentaria pudiendo ser su tripulación la primera en conocer las costas orientales de Australia, pero sin que conste que descendieran a ella o tomaran posesión de la misma. Los holandeses eran mercaderes y buscaban lugares para comerciar, no para colonizar. Conforme a la historiografía australiana tradicional durante este viaje, el buque exploró y cartografió el Golfo de Carpentaria en el norte de Queensland, aunque curiosamente, se sabe muy poco sobre el barco y sus rutas porque nunca se ha encontrado su bitácora, lo cual —a diferencia del caso portugués— no ha supuesto ningún impedimento para que las historiografías sajonas y holandesas atribuyen el descubrimiento al Duyfken sin duda o polémica alguna.

El Duyfken y su derrota

Dichas historiografías mantienen que el descubrimiento de Australia se produjo durante el viaje del yate holandés Duyfken al mando del capitán Willem

Janszoon en 1606, dándose la extraordinaria circunstancia de que a pesar de no existir documentos que lo acrediten, algunos autores han tenido la osadía de ofrecer una detallada derrota del Duyfken; Peter Reynders de la Sociedad Hidrográfica de Australasia (Australia on the map), por ejemplo, afirma que el Duyfken siguió unos 300 km de la costa oeste de la península del Cabo York en Queensland llegando al río Pennefather , ubicado a 12½ 14' sur y en el oeste de la Península del citado cabo y que después continuaron navegando hasta la latitud 13,59 cuando el Duyfken emprendió el viaje de regreso. Se hizo una visita a la isla Príncipe de Gales, se acercó de nuevo a la costa de Nueva Guinea, y luego se dio un giro y se llegó a Banda en mayo de 1606. Lógicamente sorprende tanto detalle cuando ni siquiera los exploradores reconocieron una determinada derrota.

Posible ruta del Duyfken (1606)

Pero lo cierto es que tal descubrimiento adolece de una notable falta de datos y los existentes son cuanto menos controvertidos y oscuros toda vez que nunca se ha encontrado el cuaderno de bitácora de la nave y a finales del siglo XVI y durante el XVII hubo hasta 7 barcos holandeses llamados Duylken en la zona, si bien todo indica que la nave exploradora perteneció a la llamada Flota de las Molucas de Wolfert Harmensz que estuvo equipada por la Oude Oost-Indische Compagnie y costó casi 224.601 florines. Esta fue una de las llamadas Voorcompagnién (preempresas), que fueron las predecesoras de la VOC.

Tan es así que el principal documento que sostiene los hechos no es sino una fuente secundaria; un documento muy posterior (40 años) que fue publicado por Alexander Dalrymple —el funesto saqueador británico de las cartas náuticas españolas en Manila— en ese momento hidrógrafo del Almirantazgo y la Compañía de las Indias Orientales, en su colección sobre Papúa, y que se supone que es una copia de las instrucciones al comodoro Abel Yansz Tasman para su segundo viaje de descubrimiento.

Tasman descubrió en 1642, la isla que ahora lleva su nombre, probablemente también Nueva Zelanda y, habría pasado por el lado este de Australia pero sin verla, siguiendo su viaje de regreso por la costa norte de Nueva Guinea. En enero de 1644 fue enviado en su segundo viaje y sus instrucciones, firmadas por el gobernador general Antonio Van Diemen y los miembros del Consejo, van precedidas de una relación, en orden cronológico, de los descubrimientos previos de los holandeses y entre ellas el del Duyfken.

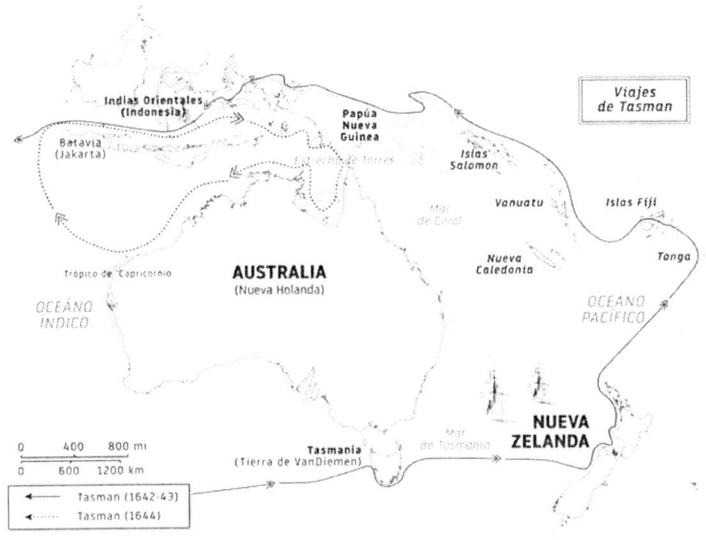

Exploraciones de Abel Tasman (1642-1644)

En ese documento se señala que el 18 de noviembre de 1605, el yate holandés Duyfken fue enviado desde Bantam (Islas Keeling, Malasia en la actualidad) para explorar las islas de Nueva Guinea, y que navegó a lo largo de lo que se pensaba que era el lado Oeste de ese territorio, a 19 3/4 grados de latitud sur, aunque el australiano Collinridge estima acertadamente que debió de ser el 13 3/4, mucho más cercano a Nueva Guinea que el 19 3/4.

Se tiene constancia además de que la dirección de la Compañía de las Indias Orientales había instruido al almirante Steven van der Haghen para que dejase los cuatro yates Delft, Medenblick, Enkhuysen y Duyfken, o al menos tres de ellos en las Indias durante al menos tres años, «para navegar de un lugar a otro y actuar según las instrucciones de los comerciantes superiores que se quedan» y conforme a ello parece haber buenas razones para creer que Steven van der Haghen ordenó el viaje del Duyfken para el descubrimiento de Nueva Guinea.

Consta literalmente en el documento de Tasman que «este extenso país se encontró, en su mayor parte, desierto; pero en algunos lugares habitados por salvajes, crueles, negros salvajes, por quienes algunos de los tripulantes fueron asesinados; por lo cual no pudieron aprender nada de la tierra o las aguas, como se les había pedido; y por falta de provisiones y otras necesidades se vieron obligados a dejar el descubrimiento inacabado» (¡!). El punto más alejado de la tierra, en sus mapas, se llamaba Cabo Keer Weer (Girar de nuevo) al oeste de la actual Adelaida por lo que de ser así el curso del Duyfhen desde Nueva Guinea iba hacia el sur a lo largo de las islas del lado oeste del Estrecho de Torres hasta esa parte de Terra Australis al oeste y al sur del Cabo York, pero pensaron que todas estas tierras estaban conectadas y formaban la costa oeste de Nueva Guinea, malentendido que se hubiese solventado de haber llegado hasta el Estrecho de Torres, aunque, sin ser conscientes de ello —«dejamos el descubrimiento inacabado»— es muy posible que hiciesen el primer descubrimiento referenciado de una parte de Australia alrededor del mes de marzo de 1606, toda vez que habían regresado a Banda a principios de junio de ese año.

En dicho documento consta así mismo que la tripulación dio cuenta de que habiendo descendido a tierra para aprender algo del país, los nativos los recibieron con una lluvia de flechas que habían matado a nueve holandeses. Representan a estas personas como muy bárbaras, e incluso caníbales y, temerosos de quedarse más tiempo en estas costas inhóspitas, decidieron darse la vuelta. Lógicamente no se dice nada sobre Australia, y por el uso de flechas y la descripción de los indígenas cabe suponer que fue en Nueva Guinea donde tuvo lugar el incidente.

El historiador belga Charles Ruelens (1820-1890) concluye que el Duyfken nunca llegó más al sur que 18 grados 15 minutos y, en consecuencia, nunca descubrió parte alguna de las costas de Australia. Los dos puntos principales que lo llevaron a tal conclusión fueron que el Duyfken no podría haber seguido las costas de Nueva Guinea y Australia sin darse cuenta de la apertura del Estrecho de Torres y que el punto extremo que se dice que fue visitado a 13 $^{3}/_{4}$ grados al sur, y al que se le dio el nombre de Keer-Weer, no llevó esa denominación en cartas posteriores; mientras que otros puntos en la costa de Nueva Guinea sí lo hicieron.

Resulta igualmente llamativo que en el mapa del sudeste asiático del respetadísimo cartógrafo holandés Janssonius de 1690 no aparezca ni rastro de las supuestas tierras australianas descubiertas por el Duyfken mientras que si consta reflejada la costa de Nueva Guinea.

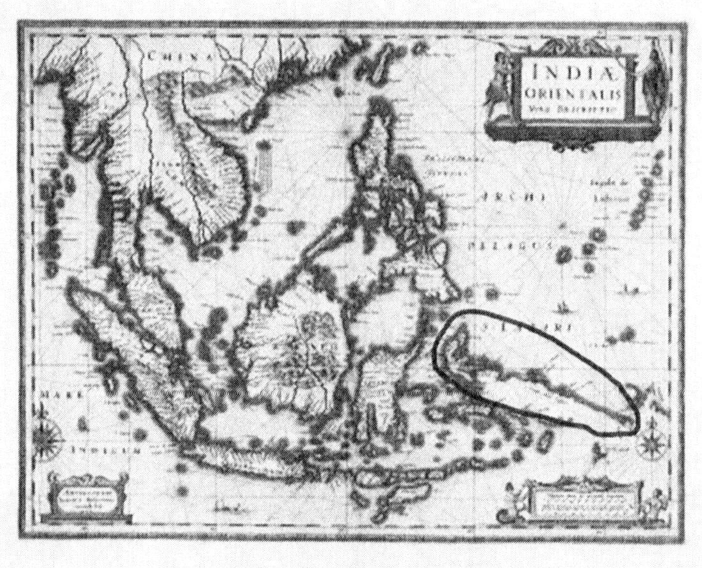

Nueva Guinea en el mapa del holandés Janssonius (1690

Pero como suele ocurrir en muchas ocasiones en que la Historia se obstina en ocultar los hechos, las historiografías hacen lo propio en recurrir a «rellenos» que den congruencia a un relato preestablecido y eso es lo ocurrido con el Duyfken al que muchos historiadores sitúan sin fundamento remontando el río Pennefather (Queensland) en el momento de ser atacados por los indígenas para acreditar su presencia en el Golfo de Carpentaria, la cual por otro lado es perfectamente posible ateniéndonos al documento de Tasman, pero sin que de una u otra forma el descubrimiento quedase plenamente acreditado.

Si existe evidencia histórica de que el Duyfken se utilizó para una amplia gama de tareas mientras estaba en las Indias: se utilizaba para transportar pequeños cargamentos de provisiones y socorro a puestos avanzados asediados en Maluku, también para transportar tropas de negros o soldados, para llevar mensajes e incluso en ocasiones como buque de guerra, pero precisamente el conocimiento que se tiene de tales usos para la nave hace más complicado aceptar que en alguna ocasión se destinara también a fines exploratorios al tratarse de un barco de pequeñas dimensiones y con unas 20 personas a bordo.

No obstante, la falta de pruebas concluyentes no excluye a los holandeses del descubrimiento de Australia; más bien al contrario, son unos de los principales candidatos y si bien es cierto que el descubrimiento del Duyfken es más que dudoso, lo que no ofrece ninguna controversia es la gran participación que tuvieron en la determinación del perfil de la isla.

Como ejemplo, el 25 de octubre de 1616 —unos 10 años después del viaje de Torres— el buque Eendragt, comandado por Dirk Hartog, avistó la costa de Australia Occidental y erigió un poste con una placa para conmemorar el hecho en lo que sin duda constituyó un acto de toma de posesión. Posteriormente, la Compañía modificó sus rumbos de navegación ordenando a sus capitanes que zarparan entre las latitudes de treinta y cuarenta grados durante unas cuatro mil millas hasta que avistaran la «Tierra del Eendragt», que fue el primer nombre dado a cualquier parte de Australia en cualquier mapa. Desde esas fechas, una sucesión de barcos holandeses avistaron partes del Oeste. y el Norte de Australia, hasta que se logró conformar un mapa con un contorno bastante preciso de la tierra que desde aproximadamente 1690 pasó a ser conocida como New Holland, y conservó ese nombre mucho después de que los ingleses establecieran sus colonias australianas. Los holandeses, por tanto, puede que no descubrieran Australia pero fueron imprescindibles para determinar la configuración de la misma y realizaron actos de soberanía suficientes como para darle su nombre al nuevo territorio.

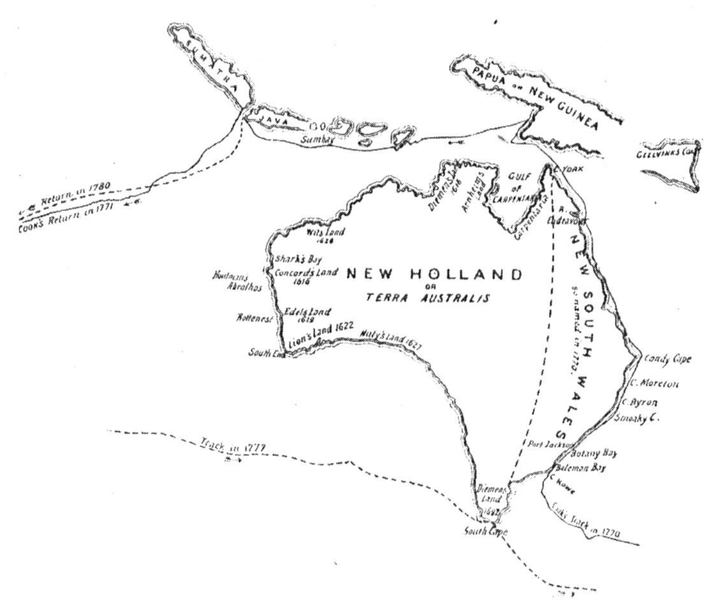

New Holland, from Map of the World in Lawrie & Whittle's Atlas, London, 1798. Showing Cook's Track.

Mapa de Nueva Holanda de 1798

Capítulo V

ESPAÑA

Muy lejos del continente oceánico, España —al igual que las demás potencias— debía establecer algún asentamiento duradero en la zona si quería ver satisfechas sus aspiraciones comerciales y políticas, pero los conflictos con Portugal sobre la interpretación del Tratado de Tordesillas y la falta de una ruta de regreso a América que permitiera unas relaciones continuas, complicaban extraordinariamente la situación. Así las cosas, las expediciones que se dirigían a Asia lo hacían por el hemisferio Norte, quedando Australia apartada de dichas rutas, pero el establecimiento en Filipinas, y quizás el azar en la expedición de Álvaro de Mendaña de 1595 que descubrió las islas Salomón, acercaron por fin a España a la gran isla. Junto a Mendaña navegaba el piloto portugués Pedro Fernández de Quirós que resultaría fundamental en el encuentro español con Australia.

Concluido el viaje de Magallanes y Elcano se retomaron las expediciones descubridoras con Hernán Cortés a la cabeza, encaminadas al reconocimiento de la costa del Pacífico, y a la consolidación de la presencia española en las Islas de Poniente (Filipinas).

Una vez conseguida una ocupación consistente y estable en Filipinas, lugar cercano y clave para el comercio con la Especería, junto al descubrimiento de una ruta de vuelta, los nuevos intereses tornaron sus miras hacia el sur del Ecuador en la segunda mitad del siglo XVI. De este modo, el virreinato del Perú adquirió una nueva responsabilidad e importancia en el ámbito descubridor debido a su situación geográfica y estratégica de privilegio derivada de los nuevos objetivos marcados por la Corona española en el ámbito de las exploraciones; a España se debe el que dichos viajes pusieran de relieve la falsedad de muchas concepciones sobre el Pacífico y establecieran las bases para posteriores conocimientos geográficos más exactos.

Existen claras evidencias de que mediados del siglo XVI los navegantes españoles habían tomado conciencia de que Nueva Guinea estaba separada por un estrecho de un continente situado al sur. Sin embargo, este conocimiento fue celosamente guardado, pero que conocían el estrecho a principios del siglo XVII está ya demostrado por un documento notable, el Memorial del chileno Juan Luis Arias (1624) dirigido al rey Felipe III, instándole a una exploración más vigorosa, por motivos humanitarios y religiosos, de la zona de Nueva Guinea a la que se refiere como «un país rodeado de agua, circunstancia que entonces no tenía nada claro ningún otro país». Una parte del Memorial trata de explicar al rey la cuestión en términos sencillos:

«Tomando como premisa que todo el globo terrestre y acuático está dividido en dos partes o mitades iguales por la línea equinoccial. El hemisferio norte, que se extiende desde el polo equinoccial hasta el polo ártico, contiene todo lo que hasta ahora se ha descubierto y poblado en Asia, Europa y la mayor parte de África. La mitad restante, o hemisferio sur, que se extiende desde el equinoccial hasta el Polo Antártico, comprende parte de lo que llamamos América, y la totalidad de aquella Tierra Austral, de cuyo descubrimiento y conquista apostólica ahora se trata. Ahora bien, si exceptuamos este hemisferio sur todo lo que hay de África entre la línea equinoccial y el Cabo de Buena Esperanza, y todo lo que hay del Perú desde el paralelo de dicha línea equinoccial, que pasa cerca de Quito, hasta el estrecho de Magallanes, y esa pequeña porción de tierra que se encuentra al sur del estrecho, queda por descubrir todo el resto de la tierra firme de dicho hemisferio sur. Así, de todo el globo, queda poco menos de la mitad entera por descubrir y por predicar el evangelio en ella; y este descubrimiento y conquista evangélica forma la parte principal de la obligación bajo la cual se encuentran estos reinos para la predicación del evangelio a los gentiles, de conformidad con el acuerdo hecho con la Iglesia Católica y su jefe, los sumos pontífices Alejandro VI y Pablo III»

Pero como en casi todos sus descubrimientos anteriores la acción española no se circunscribió a un solo viaje exploratorio que dio resultados positivos fruto de la casualidad (Duyfken o Mendoza); el acercamiento a Australia fue fruto de otras expediciones anteriores que paulatinamente fueron acercándose a la gran isla, desde Magallanes hasta Álvaro de Mendaña. Sin embargo, para entonces los españoles en sus numerosos esfuerzos por llegar a Nueva España desde el gran archipiélago asiático de Filipinas aún no habían descubierto la estación ni la latitud adecuada para navegar, y por su falta de conocimiento sobre la periodicidad de los vientos en aquellas regiones se toparon con innumerables contratiempos.

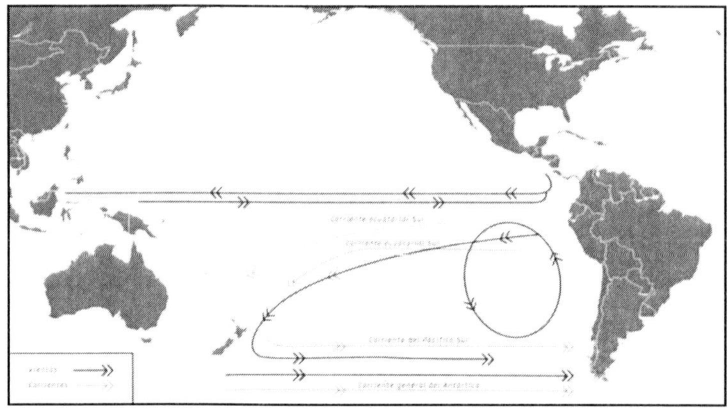

Corrientes y vientos del Océano Pacífico Sur

Ortiz de Retes; Nueva Guinea

Una vez que la corona española de Carlos I firmó con Portugal el nunca bien explicado ni comprendido Tratado de Zaragoza de 1529 renunciando a las aspiraciones españolas sobre las Molucas, la actividad española se centró en asegurar un asentamiento en las islas de Poniente (Filipinas) y una ruta segura con las mismas y así en 1542 el marino malagueño Ruy López de Villalobos zarpó del Puerto de Navidad (actual estado de Jalisco, México) al mando de una flota conformada por 6 naves y unos 400 hombres al mando de Villalobos, como teniente de gobernador y capitán general de la Armada, y con Íñigo Ortiz de Retes como maestre de campo, que descubrió un archipiélago que entonces llamó de Revillagigedo, las islas del Coral, islas Jardines (hoy llamadas Marshall, antes Carolinas Orientales), las Matalotes (antes Carolinas Occidentales) y Arrecifes. Tras llegar en 1543 a la Isla de Mindanao prosiguió viaje por las islas Filipinas, pero al igual que le ocurrió a Gómez de Espinosa en la expedición de Magallanes se encontró con problemas insalvables a la hora de regresar a América por el hemisferio Norte del Pacífico por elegir una ruta excesivamente cercana a la corriente ecuatorial del norte con una dirección contraria a su rumbo.

Así las cosas, Villalobos decidió enviar a Bernardo de la Torre a Nueva España para pedir ayuda al virrey con la que continuar las exploraciones, pero éste apenas había navegado 700 leguas rumbo este cuando se vio obligado a darse la vuelta.

Villalobos lo intentó de nuevo, esta vez con Iñigo Ortiz de Retes que zarpó de Tidore el 16 de mayo de 1545 en la nao San Juan en dirección norte que era el rumbo correcto al encontrarse en la época de los monzones del oeste, muy frecuentes en las latitudes australes, y buscar el camino de regreso al sur de la línea equinoccial.

Varios días después de la partida arribaron a las llamadas islas Talud, cambiando el rumbo hacia el sur a la espera de corrientes favorables, avistando islas que bautizaron como la Sevillana (Supiori), la Gallega (Noemfer) y las Martires. (Schouten) al adentrarse la nao de Retes por el Estrecho de Japón.

En las islas Padaido fueron recibidos por una treintena de embarcaciones cargadas de indígenas y una lluvia de flechas y la San Juan salvó la situación tomando rumbo sur hasta que el horizonte les mostró hacia el este las cumbres de la isla Grande, Nueva Guinea. El 20 de junio hallaron la desembocadura de un río al que llamaron San Agustín (hoy Mamberano), cuyo estuario parecía adecuado para desembarcar y hacer aguada. Desembarcaron e Iñigo Ortiz de Retes tomó posesión de aquella isla enorme a la que llamó Nueva Guinea porque el color oscuro de la piel de los aborígenes le recordó a los nativos de la Guinea africana.

El cronista, García de Escalante Alvarado, lo describe así:

> «...Sábado, a veinte del mes, surgieron en la isla grande, y allí tomaron agua y leña, sin contradicción de nadie, por ser allí despoblado. Tomó el Capitán la posesión de esta isla por Vuestra Señoría. Púsole nombre la Nueva Guinea. Todo lo que costearon de esta isla es tierra muy hermosa, al parecer, y tiende a la mar grandes llanos. En muchas partes y por la tierra adentro muestra ser alta, de una cordillera de sierras de alboredo, al mar el arcabuco y en otras partes pinos salvajes, y las poblaciones eran llenas de palmeras de cocos...».

Posteriormente, navegaron bordeando el norte de Nueva Guinea pero los fuertes vientos del Noroeste les llevaron hasta unas islas, algunas de las cuales bautizaron como Magdalena, Gaspar Rico (en honor del piloto) y el grupo de las Volcanes. En un deambular sin rumbo a merced de donde los llevaran los cambiantes vientos que les impedían avanzar hacia el Este, terminaron trazando un abierto arco que les llevó al atolón de Ninigo —al norte de la Isla de Aua—, y que llamaron islas de los Hombres Blancos al parecerles los indígenas de piel mucho más clara que los de Nueva Guinea, pero las eternas encamaldas en unas ocasiones y los durísimos vientos del nordeste en otras seguían constituyendo un eran un freno insuperable para la navegación hacia el este, por lo que a finales de agosto, en una latitud por encima de las islas Ninigo, Íñigo Ortiz de Retes se vio obligado a abandonar su intento de regreso a Nueva España y como única opción para sobrevivir regresar al puerto portugués de Tidore.

Álvaro de Saavedra. Hawaii

En 1527 Hernán Cortés finalizaba la equipación de una expedición que tenía como objeto encontrar nuevas tierras en el Mar del Sur (Océano Pacífico) y le encargaba a su primo Álvaro Saavedra y Cerón que se hiciera cargo de la misma. Otro objetivo de este viaje era encontrar la nave Trinidad, de la flota de Magallanes y al mando de Gómez de Espinosa que se consideraba perdida en la zona de Filipinas.

Álvaro de Saavedra Cerón fue uno de los primeros exploradores europeos en el Océano Pacífico. Se desconoce el lugar y la fecha exacta de su nacimiento, pero se sabe que nació a fines del siglo XV o a principios del XVI y que era primo de Hernán Cortés, a quien acompañó a la Nueva España en 1521.

El 31 de octubre de 1527 zarparon de Zihuatanejo, Guerrero, México (Nueva España) tres naves (Florida, Espíritu Santo y Santiago) rumbo al Pacífico. Atravesaron el Mar del Sur, recorrieron la costa norte de Nueva Guinea, a la que nombraron Isla de Oro, y el 3 de octubre de 1528 llegó a las islas Molucas sólo una de las naves.

El regreso imposible

El 27 de marzo de 1528 arribó a Tidore (actual Indonesia) la nao Florida al mando de Álvaro de Saavedra Cerón, donde encontró a la expedición de García Jofre de Loaysa. La Florida partió hacia Nueva España el 14 de junio de 1528, cargada con sesenta quintales de clavo de olor, pero hubo de regresar a Tidore, a donde llegó el 19 de noviembre de 1528. En su intento de regresar a las costas de la Nueva España, fue desviado por los vientos alisios del noreste, que lo lanzaron de nuevo a las Molucas.

Tiempo después Álvaro Saavedra intentó nuevamente el regreso, pero navegando más al sur. Volvió a las costas de Nueva Guinea, una de las pocas islas conocidas del Pacífico en esa época y después de recibir agua y alimentos de los nativos se dirigió al Noreste, en donde descubrió los grupos de las islas Marshall y las islas del Almirantazgo.

Desembarcó en la pequeña isla de Eniwetok, desde donde prosiguió su viaje hacia el este, y nuevamente fue sorprendido por los vientos, que lo llevaron por tercera vez a las islas Molucas. El 3 de mayo 1529, al intentar de nuevo regresar a la Nueva España, le sorprendió una tempestad y nuevamente debe regresar y llega a Gilolo el 8 de diciembre de 1529, muriendo Álvaro de Saavedra Cerón en el trayecto. Pero antes de morir, Saavedra dio con un archipiélago (Hawai) que le sirvió para repostar y hacer aguada que aún no había sido visitado por occidental alguno y que siglos después sería alcanzado y "redescubierto" de nuevo por el capitán James Cook. Lógicamente el establecimiento de un asentamiento no fue siquiera planteado por los españoles puesto que en aquel momento desconocían las rutas, vientos y corrientes para llegar a aquel lugar y desde allí al continente americano.

Las islas Hawái aparecen en los mapas de Ortelius (1570) y Joan Martines (1587) como Los Bolcanes y La Farfana. Juan Gaytán las había nombrado en 1555 como Mesa, Desgraciada, Olloa o los Monges. Eran los Majos en el mapa que Anson sustrajo del galeón de Manila en 1742. Los ingleses encontraron instrumentos de hierro a su llegada y, según el relato del marinero inglés John Nicholl, los indígenas usaban palabras de raíz latina: terra para tierra, nuna para luna, sola para sol, oma para hombre... si bien otras teorías afirman que tal hecho vendría de la expedición de Ruy de Villalobos de 1543, que documentó con más detalle su paso por las Hawai.

Álvaro de Mendaña; Salomón

40 años después (1567) la expedición comandada por Álvaro de Mendaña que había partido de Perú con la idea de que hacia el oeste existían islas muy ricas avistó los primeros islotes de las Islas Salomón, así bautizadas por la injustificada idea de Mendaña de que se trataba de la Tierra de Ofir, donde se encontraban las minas del rey Salomón. La realidad de la ausencia de riquezas frustró el objetivo de la expedición que retornó a Perú, pero tal descubrimiento acercaba a España a la gran isla australiana.

Tendrían que pasar otros 30 años más para que Mendaña, ya con el título de Adelantado, intentase volver a las Salomón, descubriendo durante el viaje los archipiélagos de las Marquesas, bautizadas así en honor al virrey del Perú en aquella época el Marqués de Mendoza, y Santa Cruz, pero no pudo encontrar las Salomón de nuevo. Estaban a cientos de kilómetros de distancia en sus cálculos.

Mendaña moriría en el intento, pero su esposa Isabel Barreto, una mujer de notable determinación, le sucedió en el mando y en la búsqueda, desistiendo finalmente y poniendo rumbo a Filipinas, pero durante ese viaje surgió la figura del piloto portugués Pedro Fernández de Quirós que se percató de que la Terra Australis Incógnita no podía estar lejos. Quirós dedicaría el resto de su vida a encontrarla.

Y el caso es que Quirós tenía razón; habiendo llegado ya a Nueva Guinea y las Salomón, Australia estaba a un paso.

A pesar de que existen otras muchas hipótesis sobre la llegada española en Australia, que van desde un posible viaje de Juan Fernández, pasando por la nave San Lesmes, de la flota de Jofre de Loaysa, que en 1526 se separó del resto en el Estrecho de Magallanes y que conforme a los cientos de teorías sobre su desaparición podría haber estado en tantos lugares del Pacífico que la empresa se antoja imposible, hasta el capitán Lope de Vega que desapareció en las islas Salomón en 1595 y que según algunos historiadores —Martín Montenegro— habría llegado a las costas de Australia estableciéndose en Bondi (Sydney), ninguna de ellas es suficientemente consistente ni ofrece una prueba mínimamente sustentable, por lo que parece razonable centrarse en la de Quirós —ampliamente documentada— para acreditar la llegada de España a Australia al menos al mismo tiempo que los holandeses, a pesar de que tal posible descubrimiento haya sido generalmente obviado durante siglos toda vez que los mapas, cartas y relaciones estuvieron ocultos durante 175 años y fueron recuperados tan sólo por el Memorial de Juan Luis Arias que orientó la travesía del Capitán Cook.

La aparición a principios del siglo XX de la relación del Capitán Diego de Prado y Tovar apuntaló la solidez de la posibilidad española en tal expedición. El viaje de Prado y Torres fue uno de los más memorables realizados desde los días de Colón, aunque la gran importancia de sus resultados no ha sido plenamente reconocida porque hasta el siglo XX se sabía muy poco al respecto.

Afrontaremos con posterioridad la supuesta expedición de Juan Fernández como paradigma de lo que es una teoría sin fundamento alguno.

La expedición de Quirós

A su vuelta de las Salomón, Quirós se puso rápidamente manos a la obra para conseguir dirigir una expedición que colonizara las islas si bien con una meta mucho más ambiciosa: ser el primero en llegar a la Terra Australis Incógnita.

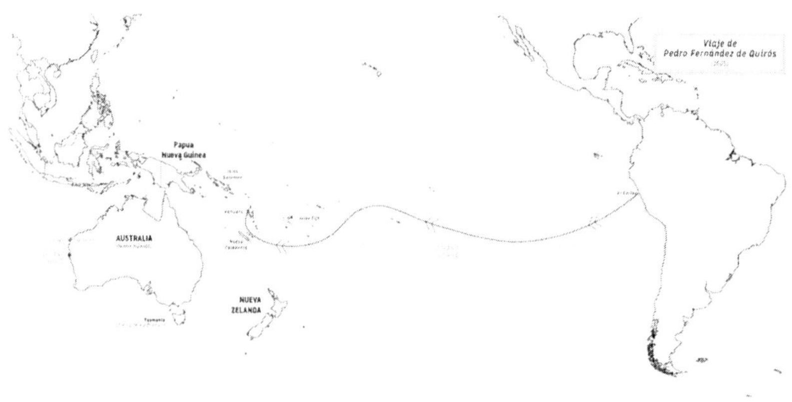

Posible ruta del viaje de Pedro Fernández de Quirós (1605)

Nacido en la ciudad portuguesa de Évora hacia 1565, Quirós era un experimentado marino del galeón de Manila y para conseguir su propósito no escatimó esfuerzos ni perseverancia; elaboró numerosos memorándums y viajó a España a presentárselos al rey e incluso fue a Roma para ver al Papa Clemente VII, el cual impresionado por los planes de nueva cristiandad de Quirós en la Polinesia no dudó en escribir cartas de recomendación al rey Felipe III, ordenando éste al virrey de Perú que proveyese a Quirós de todo lo necesario para la expedición. Quirós explica en su primer Memorial:

> «Porque es parte de círculo la sombra que se ve en la luna, los días de su eclipse, se prueba que la forma del cuerpo de tierra y agua que la causa es redonda. En este cuerpo se imagina una línea que se dice equinoccial, con sólo largura, sin anchura ni profundidad, que lo ciñe y rodea todo y lo divide en dos partes iguales: la una se dice del norte y la otra del sur [...]. De la parte meridional a donde en lo más de ella está por saber y por crecer esta verdad, está sólo descubierto hasta cincuenta y cinco grados en que está el cabo de Buena Esperanza, o cuarenta y poco más en que se ponen las naos para montar estas dos puntas de tierra, con sus costas y contra costas están ya del todo sabidas; falta ahora lo demás que resta y del paralelo desta y tener altura resto al poniente hasta noventa para saber si es tierra o es agua y qué parte tiene de las dos. Recuerdo que de ser admitida mi ofrenda no sea aventura menos que de ganar otro tercero mundo».

En el tercer memorial, impacientado ante la pasividad del virrey ante su propuesta, compara su petición y su figura a la de grandes descubridores como Cristóbal Colón y Fernando de Magallanes:

«Bien creo V.E. creerá cuanto procuro obligar con lo que... y no quisiera negociar con tantos ruegos en caso que entiendo ser muy bregado, salvo si es debida suerte a descubridores comprar sus hechos a puras importunaciones pues por esta puerta entraron tan singulares varones cuanto lo han sido Cristóbal Colón y Fernando de Magallanes, y si los dos por su constancia han merecido ser perdonados y oídos de justicia, ya se debe a mi porfía, buena acogida y breve despacho, y si por éste a V.E. doy prisa, es por sólo que quisiera ser la persona que tan grande servicio hiciese a Dios».

Pero pese a la constancia e insistencia de Quirós el virrey Velasco rechazó su oferta y el de Évora, sin caer en el desánimo, viaja en el año 1600 a España e Italia, con el objetivo de buscar la aprobación real y papal. Por medio del embajador español, Antonio de Cardona y Córdoba, consigue hacer llegar su petición al Papa Clemente VIII, incitándolo a la evangelización católica de las tierras descubiertas y que quedan por descubrir.

«Si Vuestra Santidad fía de mí, sírvase de darme una exortatoria para los eclesiásticos de todo aquel mundo de allá, y que se envíe una religión sola y pobre y celosa del servicio de Dios, amparándola Vuestra Santidad como padre de todos y descubrimiento que ya consta ser de más de mil y quinientas leguas de tierras pobladas por innumerables hombres y al parecer de geógrafos y pilotos como lo puedo mostrar; más de otras cinco mil por descubrir».

La empresa de Quirós fue de agrado de Clemente VIII, consiguiendo una recepción papal. El embajador Antonio de Cardona y Córdoba, sorprendido, llama la atención del rey Felipe III sobre este hecho:

> «Su Santidad ha querido hablarle y ha mostrado mucho gusto de conocerle y holgado de enterarse de su destino y concediéndole las gracias espirituales que le ha pedido, aunque con otros está muy estrecho».

Con el beneplácito del Papa, Quirós vuelve a España con el fin de obtener una disposición favorable de Felipe III para la consecución de tan ansiado viaje. Sus peticiones a la Corona quedan reflejadas en los memoriales octavo (entregado personalmente al rey el 17 de junio de 1602) y noveno, cuyos originales se encuentran en el Archivo General de Simancas. En ellos, igual que en los escritos al Papa Clemente VIII, intenta convencer al monarca de la magnitud que tendría el descubrimiento de la Terra Australis, comparando de nuevo su empresa con la de grandes descubridores, al tiempo que agasaja a Felipe III elevando su figura a la de ilustres personajes históricos como César o Alejandro:

> «Suplico a V.M., por quien es, se sirva oir y considerar mi petición como dueño y señor suyo [...] Está lo más por andar y yo que (he) andado más; y empresas arduas y difíciles piden la resolución de César, Alejandro, Pizarro y Pirro, y de nuestros Colón, Gama, Magallanes, Pizarro y Cortés y otros, que grandes cosas acometieron y acabaron.

> Digo que está por descubrir la parte del sur hasta su polo, un circuito de 5.500 leguas, sin saberse si es tierra o agua, o que partes tiene de las dos».

Una vez explicada su propuesta, con la muestra de cartografía incluida, a miembros del Consejo de Estado, el piloto consigue la aprobación real a través de la cédula de Felipe III firmada en Valladolid el 31 de marzo de 1603, documento en el que se observa la celeridad con que el monarca quiere realizar la puesta en marcha del viaje, y es que debemos tener en cuenta la amenaza de la presencia holandesa e inglesa en el Pacífico, tanto en la costa americana como en las islas del norte de la actual Australia.

> «No se pierda el tiempo en descubrir aquella parte Austral, incógnita hasta agora, en que se hará gran servicio a Dios [...] Con consulta de mi Consejo de Estado he resuelto: que el capitán Quirós parta luego, a hacer el dicho descubrimiento, en la primera flota para el Perú».

Ya en Perú, el virrey Gaspar de Zúñiga y Acevedo le otorgó las oportunas capitulaciones, se formó una armada compuesta de dos naos o galeones —la capitana San Pedro y San Pablo, de 155 toneladas, la almiranta San Pedro o San Pedrico, de 120 y el pequeño patache Tres Reyes. Componían la tripulación trescientos hombres, entre los que se encontraban Pedro Bernal Cermeño, el piloto Juan Bernardo de Fuentidueña, cuatro franciscanos, con dos legos, y varios hermanos de la Orden Hospitalaria de San Juan de Dios.

Llevarían provisiones para un año, fundamentalmente carne, pescado, arroz, garbanzos y 800 toneles de agua. Como lugartenientes irían Luis Váez de Torres y Diego de Prado y Tovar, un avezado marinero gallego y un noble leonés.

Tras numerosas gestiones, la expedición se hizo a la mar el 21 de diciembre de 1605 desde el puerto de El Callao. El propio Quirós —religioso hasta el fanatismo— se ocupó de los estandartes a desplegar, con los rótulos «En solo Dios va puesta mi esperanza» y «Tu es Christus filius Dei vivi» zarpando la expedición el 21 de diciembre de 1605. Los registros que nos han llegado de la expedición son más completos que los de otros primeros viajes por el Pacífico y por supuesto que los de Mendoza o el Duyfken por lo que podemos rastrear con cierta precisión el rumbo seguido.

Durante 800 leguas Quirós navegó al S.O, pero al alcanzar la latitud de 26° puso rumbo al oeste pretendiendo llegar hasta la isla de Santa Cruz (Salomón) y seguir desde allí, pero no lo consiguió a pesar de lo cual realizó numerosos descubrimientos. En enero de 1606 los expedicionarios avistaron la isla de Ducie, al sudeste del archipiélago de las Tuamotu y días más tarde, la de Henderson, el atolón de Marutea, el grupo Acteón y el atolón Vairaatea, llegando posteriormente al grupo de las Tuamotu. Muchas de esas islas fueron vistas por los expedicionarios —para su desesperación— sin que Quirós ordenase detenerse lo que provocó las primeras fricciones de la expedición debido a la escasez de agua dulce. El piloto cronista González de Leza describe la situación:

> «En este tienpo ya se padeçia neçesidad de agua porque a cada vno le dauan dos quartillos de agua cadal dia que hera harta miseria la [...] biendo el dicho quiros que no auian descubierto ninguna isla poblada penso perder el juiçio que le auia quedado y llamando la gente de la nao les dijo con vna bos dolorosa, hermanos y señores mios todas es/tas islas que aueis bisto son señales de tierra cercana, si dios nos haze merced que hallemos alguna isla aunque no tenga mas de dos indios tan solamente. les doy la palabra que nos podremos tener por los mas dichosos que an salido de España porque les dare tanta plata y oro quanto puedan lleuar y tanta cantidad de perlas que las mediran con los sombreros a colmo, porque lo del piru y de la nueba España es cosa muy poca para con esto que les digo».

Esta situación y tales promesas no hicieron sino acuciar a Quirós aún más en la necesidad de encontrar la tierra desconocida y prometida a sus hombres.

Monumento a Fernández de Quirós Quirós en Camberra (Australia)

Nuevas Hébridas (Vanuatu); Austrialia del Espíritu Santo

Finalmente, tras pasar al norte de Samoa y el grupo Fiji avistaron gran número de islas y el 30 de abril de 1606 divisaron una gran isla, la mayor del grupo de las Nuevas Hébridas (actual Vanuatu), que bautizaron Virgen María o La Cardona, y posteriormente, Austrialia del Espíritu Santo. Los expedicionarios desembarcaron en una bahía situada en su parte norte, bautizada como San Felipe, donde Quirós tomó posesión de de aquella tierra siguiendo los dictados del Derecho común aunque introdujo algunas notas propias; aquella noche los navíos fueron engalanados con luminarias y desde sus cubiertas se lanzaron fuegos artificiales, se disparó toda la artillería en señal de regocijo causando el lógico espanto entre los indígenas y se hizo una fiesta con gran ceremonia religiosa.

Precisamente su desbocado misticismo le llevó a fundar una nueva orden militar de caballeros con el título del Espíritu Santo formada por los hombres que poblasen aquella tierra y una ciudad a la que llamó Nueva Jerusalén. Tanto exceso no presagiaba nada bueno y el hartazgo de los expedicionarios al respecto comenzó a ser patente. Además, las relaciones con los nativos no eran especialmente amistosas.

El cronista González de Leza afirma las excelencias del lugar:

> «Subimos a una montaña alta muy silenciosamente, y Desde lo alto descubrimos una hermosa llanura. Al descender a ella encontramos mucha nuez moscada y almendras de diferente especie, para el la corteza huele a manzana, y otra fruta con olor y sabor como una nectarina. De todos estos frutos se llenaron los bosques, y Apenas hay un árbol en toda esta tierra que no sea de algún uso, para que aquí uno pueda vivir con gran lujo».

Aunque para la mayoría de historiadores resulta indubitado que Quirós llegó a las Vanuatu, lo cierto es que el propio Quirós siembra dudas sobre si se trata de Australia cuando en su VIII Memorial presentado al rey en 1607 escribe lo siguiente:

> «La grandeza de la tierra recién descubierta, a juzgar por lo que Vi, y por lo que el capitán, don Luiz Váez de Torres, el El almirante bajo mi mando vio; [...]. Su longitud es tanta como toda Europa y Asia Menor, hasta el Caspio y Persia, con todas las islas del Mediterráneo y el océano que lo abarca, incluidas las dos islas de Inglaterra e Irlanda. Esa parte oculta es un cuarto del mundo, y de tal capacidad que duplican los reinos y provincias de las que Su Majestad es actualmente el Señor podría caber en él, y esto sin ningún vecindario de turcos o moros, o otros de las naciones que son propensos a causar inquietud y disturbios en sus fronteras».

Pero la firme creencia en la existencia del continente austral nos la confirman las especulaciones de Quirós respecto de los orígenes prehistóricos de los habitantes autóctonos de las islas Marquesas y el archipiélago de Tuamotu. En aquellas circunstancias, el deseo mayor del navegante luso era poder reclamar la gloria y honor inmortales que resultarían de ser identificado como el descubridor de la mítica Terra Australis.

Cierto es que Quirós era propenso a la exageración y que lógicamente querría adjudicarse un descubrimiento tan importante como el de Terra Australis, pero la realidad de sus rumbos anteriores y posteriores indican que su desembarco se produjo en las Vanuatu y es igualmente cierto que constando ya la existencia de una Terra Australis en las antípodas, la magnificencia de su descripción se puede basar perfectamente en conocimientos previos y no en la comprobación personal, lo cual por otro lado sabemos que no hizo al no constar tampoco que circumnavegara la gran isla ni la cartografiara siendo como era un excelente cartógrafo.

La partida de Quirós

A principios de junio, los barcos expedicionarios salieron de la bahía para continuar los descubrimientos, pero una fuerte tormenta los obligó a entrar de nuevo. La nao San Pedro, comandada por Luis Váez de Torres, y el patache Tres Reyes, bajo el mando de Gaspar González de Leza, regresaron a la isla de Santa Cruz, pero la San Pedro y San Pablo no lo hizo, internándose en la mar y, con Quirós al mando, se dirigió directamente a Nueva España, alcanzando Acapulco el 21 de noviembre de 1606. Váez de Torres es ciertamente lacónico al describir el episodio en su carta:

«Allí permanecimos cincuenta días; tomamos posesión en nombre de Su Majestad. Desde dentro de esta bahía, y desde la parte más resguardada de ella, partió la Capitana pasada la medianoche, sin avisarnos y sin hacer señal alguna. Esto sucedió el 11 de junio. Y aunque a la mañana siguiente Salimos a buscarlos, e hicimos todos los esfuerzos adecuados, no nos fue posible encontrarlos, porque no navegaron en el rumbo adecuado, ni con buena intención. Así que me vi obligado a regresar a la bahía para ver si por casualidad habían regresado allí».

Sólo al final de su carta hace mención a la situación desfavorecida en que les dejó el abandono:

«...todas las cosas que nos habían dado para el tráfico se las llevó la Capitana, incluso herramientas y medicinas, y muchas otras cosas que no menciono porque no hay ayuda para ello; pero sin ellos Dios se hizo cargo de nosotros».

Tal episodio está presidido por la confusión: una versión afirma que las tres naves salieron a la exploración de otras islas y fueron sorprendidas por tan fuerte temporal y que la capitana en la que iba Quirós no conseguía volver a tierra, mientras que las otras dos sí lo consiguieron. Quirós entonces habría pedido opinión a los que iban con él —algo nada habitual— y el parecer fue aprovechar los vientos para ir a Nueva España en vez de regresar a la isla del Espíritu Santo.

Por otro lado, Quirós dijo que se vio obligado a tomar la ruta de Nueva España porque la tripulación amotinada le obligó y tal parece ser la opinión de Diego de Prado que afirma que Quirós prácticamente había sido llevado prisionero a México por una tripulación amotinada. Por su parte, la relación del piloto Gaspar González de Leza afirma que el verdadero responsable del poco interés en reunir la capitana con ellos fue Fernández de Quirós.

Finalmente, otra versión es que Quirós estando en tierra supo que era inminente un levantamiento contra su autoridad y adelantándose a ello fue al embarcadero de noche acompañado de los que le eran fieles y sin avisar a nadie decidió volver a Nueva España. Tiempo después se ordenó una investigación para esclarecer los hechos y saber si Quirós era culpable de haber abandonado su responsabilidad del mando, pero el asunto acabó con reproches por lo que había pasado, pero sin condena al marino por no poderse aclarar la cuestión. En cualquier caso, el portugués ya había dejado un nombre resultado del continente austral y la casa de Austria —Austrialia— que con ciertas modificaciones pasaría a la posteridad y es que en su diario habla de tomar posesión de esa tierra, la cual cree que forma parte de un continente y utiliza el término Austrialia. La toma de posesión se realiza el día que se celebra la aparición del Espíritu Santo (Pentecostés), el 14 de mayo y él dice que toma: «posesión de todas estas tierras que dejo vistas y estoy viendo, y de toda esta parte del sur hasta su polo, que desde ahora se ha de llamar AUSTRALIA del Espíritu Santo». Sea como fuere, un gran número de hombres y dos naves quedaron en Espíritu Santo sin su jefe de expedición, pero con los dos lugartenientes Váez de Torres y Prado de Tovar.

Resulta cuanto menos llamativo por tanto que a pesar de la extraña espantada del portugués, no se diera por vencido por los elementos (o sus compañeros) a quienes atribuía la responsabilidad de haber abandonado la isla del Espíritu Santo, ni tampoco por el expediente que se le abrió en Nueva España y se propuso ir a la Corte en Madrid para recurrir, adonde llegó en un estado de extrema pobreza tan sólo gracias a las ayudas de algunos amigos.

La resolución de sus reclamaciones se demoraba, lo que le proporcionó mucho tiempo para escribir larguísimos memoriales, de los que se han conservado más de cincuenta, todos ellos presentados al rey. El 1 de enero de 1610 tuvo una primera resolución que trasladaba su caso para revisión a Perú. No estuvo de acuerdo y el 21 de octubre de 1614 consiguió otra resolución que le daba la razón y ordenaba al nuevo virrey de Perú, Francisco de Borja y Aragón, príncipe de Esquilache, sustituto de Montesclaros, que preparase una armada en Lima para ponerla a las órdenes de Quirós. En la primavera de 1615, Quirós embarcó con Esquilache para iniciar el viaje rumbo a Perú, pero murió al poco de desembarcar en Panamá, quedando olvidadas las islas del Espíritu Santo por él descubiertas, pero no afortunadamente sus memoriales.

Váez de Torres y Prado de Tovar

De lo que ocurrió a partir de la separación se tiene constancia por la carta de Luis Váez de Torres al rey y la relación y mapas de Diego de Prado y Tovar que, a diferencia de los holandeses del Duyfken, ofrecen precisos datos de navegación, vientos, corrientes e islas exploradas. La narrativa de Váez es tan circunstancial y clara que se puede decir que conlleva convicción, y su veracidad está corroborada en gran medida por sus propios mapas y la relación de Prado que lamentablemente estuvo perdida hasta principios del s. XX.

Latitudes de Australia

Tras la imprevista desaparición de Quirós los que quedaron en la isla esperaron unas dos semanas para ver si volvía y pasado este tiempo se reunieron en Junta para atenerse a las instrucciones del virrey en las que se establecía que la sustitución en el mando correspondería a Diego de Prado y Tovar y que los expedicionarios deberían dirigirse a Manila para esperar a que llegasen los retrasados o perdidos y continuar después por la ruta portuguesa del cabo de Buena Esperanza para ir a informar al Rey. Prado y Tovar aceptó el cargo pero le pareció mejor comprar-tirlo con el otro lugarteniente, Luis Váez de Torres, que tenía más cualidades para la navegación y que fue finalmente el jefe de los expedicionarios mientras

Prado y Tovar, de acuerdo ambos, quedó como consejero en materias técnicas y especialmente para levantar planos y representar en dibujos los tipos humanos que encontraron. El leonés Prado era sin duda la persona con mayor abolengo de la expedición, muy por encima de Quirós y Váez, pero este último —aunque no se tenga mucha información sobre él a excepción de su origen gallego— era el verdadero experto en navegación, por lo que no debió de resultarles complicado llegar a un acuerdo para compartir el mando a pesar del nombramiento del virrey.

El 26 de junio abandonaron la isla y Torres navegó a lo largo de la costa oeste, pero a mitad de camino el viento le impidió seguir adelante. Quizá por ello en vez de navegar 300 millas al norte hasta Santa Cruz, y luego al suroeste hasta el paralelo 20 sur de acuerdo con las órdenes, siguió adelante, probablemente en dirección oeste-suroeste En esta posición, bien entrado en el Mar de Coral, se encontraba a sólo 190 millas del continente australiano si bien no recogen el avistamiento de tierra alguna ni de arrecifes, aunque alguna mala señal tuvo que ver para cambiar el rumbo y derrotar hacia el norte para llegar al este de Nueva Guinea en busca de Manila, resultando así que al dirigirse al norte-noroeste eludió un seguro naufragio en la barrera de coral y abrió una nueva ruta de navegación cercana a las costas australianas.

Desembarco

Pero el afortunado cambio de rumbo no evitó que el 14 de julio de 1606, Váez y sus hombres se encontrasen con una línea de olas altas rompientes que se extendían del noreste hacia el noroeste y que obligó a las naves a virar a estribor tan cerca del viento como pudieron para evitar los arrecifes.

Ruta de Váez de Torres y Prado de Tovar (1606)

Sobre las olas pudieron avistar una tierra montañosa elevada (¿actual Mount Marlow en Queensland?) y no pudiendo avanzar al este, Torres derrotó al oeste empujado por los vientos alisios que soplan con incansable persistencia desde marzo a diciembre; se enfrentaría con estos mismos vientos y mar durante todo su viaje de descubrimiento a lo largo de la línea costera de Nueva Guinea.

Torres fijó su latitud $11^{1/2}$ y tras navegar sobre la barrera sumergida los navíos se dirigieron al norte hacia la tierra que estaba a veinte millas. Allí encontraron una buena bahía y anclaron refugiándose del viento y del oleaje del mar abierto. Los nombres locales de la bahía son Sakuri y Bahía Oba pero pocos mapas los señalan.

Vaez describe por primera vez seres humanos de piel más clara que difieren notablemente de los indígenas papúa de Nueva Guinea y se asemejan mucho más a los australianos, lo que le sitúa bien en las islas del propio Estrecho adyacentes al Cabo de York o bien en el propio Cabo y por lo tanto en la gran isla australiana.

> «Desde allí retrocedí hacia el noroeste hasta los $11^{1/2}$ grados de latitud sur; allí caímos con el comienzo de Nueva Guinea, cuya costa corre de oeste a norte y de este a sur. No pude capear el punto este, así que navegué por la costa hacia el oeste por el lado sur».

> «Toda esta tierra de Nueva Guinea está poblada de indios, no muy blancos, y desnudos excepto sus cinturas, que están cubiertas con una tela hecha de la corteza de los árboles. y mucho pintado. Luchan con dardos, dianas y algunos palos de piedra, que

están bien hechos con plumaje. A lo largo de la costa hay muchas islas y viviendas. Toda la costa tiene muchos puertos, muy grandes, con ríos muy caudalosos, y muchas llanuras. Sin estas islas corre un arrecife de cardúmenes, y entre ellos [los cardúmenes] y el continente están las islas. Hay un canal dentro. En estos puertos tomé posesión para Su Majestad».

Casi un mes después, en octubre de 1606 los botes de los barcos fueron dispuestos y una partida bien armada se dirigió hacia la playa, observando a los nativos huir hacia las colinas para esconderse y encontrando algunos jardines indígenas de hiñames y patatas que fueron un buen abastecimiento para los navíos. Desde la cima de la península se veía el mar con más penínsulas e islas alrededor. Prado anota la presencia de espléndidos árboles y fuentes de agua potable, pero no observa río alguno; ni Váez ni él reparan en que están pisando una nueva tierra continental sino más bien una interminable sucesión de islas de variado tamaño:

«Recorrimos trescientas leguas de costa, como he mencionado, y disminuimos la latitud 20$^{1/2}$ grados, lo que nos llevó a 19 grados. A partir de ahí caímos en un banco de tres a nueve brazas, que se extiende a lo largo de la costa por encima de 180 leguas».

El Estrecho de Torres y el placel

Continuaron navegando hasta llegar a una bahía grande en la costa de Nueva Guinea junto al Cabo Este cuya exploración no fue posible debido a las malas condiciones del viento y el mar. La travesía de Torres por el golfo de Papua de unas 300 leguas recorridas a lo largo de la costa tras pasar un estrecho por el que su nombre ha pasado a la historia se encontró con un fenómeno geográfico y geológico que él mismo llamó «placel» o «place» refiriéndose a una superficie llana cubierta de arena o banco bajo.

Nueva Guinea y Australia estan unidas por una plataforma sumergida a cien brazas de profundidad y algo menos. El placel se extiende entre los puntos extremos de ambas masas terrestres; en el Cabo York tiene, aproximadamente, setenta y cinco millas de anchura, y en la costa de Nueva Guinea unas doscientas. Salpicado de islas y arrecifes; la profundidad en marea baja apenas sobrepasa los 9 metros; si el nivel marino bajara catorce metros, el placel formaría una lengua de tierra uniendo Australia y Nueva Guinea, con una cornisa que no podrían alcanzar ni las grandes mareas ni las olas.

Cuando Torres se encontró con el Placel en 19° —o más bien, se detuvo en esa latitud— lo hizo cerca la de la Punta de Bampton. Desde allí la navegación fue una pesadilla; zonas de bajos a tres brazas y menos, mientras crecían las olas rompientes y la marejada impulsadas por un persistente viento puntero del sudeste, lo que debió forzar la dirección de los barcos hacia la parte sur de la tierra divisada y por lo tanto hacia el extremo norte del Cabo de York.

«No podíamos avanzar más por los numerosos bancos de arena y grandes corrientes, por lo que nos vimos obligados a navegar hacia el suroeste a esa profundidad hasta los 11 grados de latitud sur. Por todas partes hay un archipiélago de islas, sin número, por el que pasamos, y al final del undécimo grado la orilla se convirtió en bajío. Aquí había islas muy grandes, y aparecieron más hacia el sur. Estaban habitados por gente negra, muy corpulenta y desnuda; sus brazos eran lanzas, flechas y garrotes de piedra mal hechos. Capturamos en toda esta tierra a veinte personas de diferentes naciones, para que con ellas pudiéramos rendir mejor cuenta a Su Majestad».

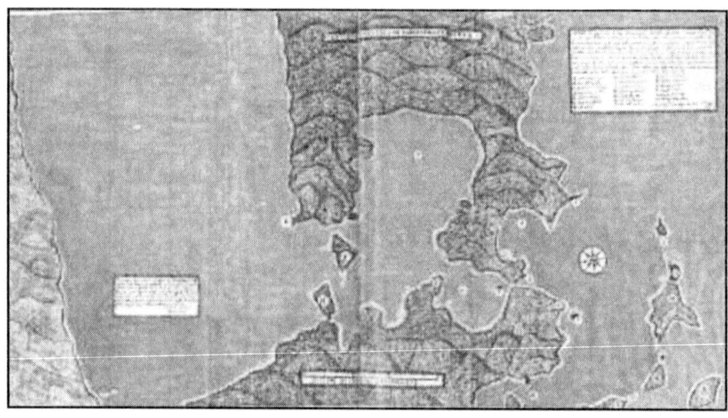

Dibujo de Diego de Prado y Tovar (1606)

Sin nombrarlo específicamente Torres apunta que llega a las islas del Estrecho —pertenecientes a Australia— y toma posesión de ellas para el rey de España.

También la Relación Sumaria de Diego de Prado y Tovar habla de tierra australiana:

> «...estauamos muy contentos por auer dejado la tierra a la parte del este y nabegando al norte a los quatro dias descubrimos otra bez tierra muy alta por proa»

A ello ha de sumarse que desconocían por completo las tierras y mares que los rodeaban. Los extremos Este y oeste de Nueva Guinea eran totalmente imaginarios toda vez que sólo la costa norte era conocida por haber sido explorada por Iñigo Ortiz de Retes en la expedición de 1545. Algunos de los mapas publicados antes de 1600, configuraban a Nueva Guinea como una isla, pero el estrecho entre ella y la Tierra Austral Incógnita, se sitúa entre los 20 y los 22° australes, y era, por lo tanto, completamente imaginario y en la presunción, de que Nueva Guinea fuera una isla.

Remontaron la costa rumbo al noroeste hasta los 7° 30'S, desde donde volvieron a descender hasta los 11 S, navegando por el golfo de Carpentaria durante dos meses y finalmente llegaron a las Molucas por el Mar de Araufa. Allí encontraron a su gobernador, Juan de Esquivel, en apuros por el ataque de los nativos. Torres le ayudó a repeler el ataque e incluso le cedió el patache Tres Reyes, con una veintena de hombres para guarnecer Ternate antes de dirigirse a Manila, a cuyo puerto llegó el 22 de mayo de 1607. Meses después Torres envió una crónica del viaje al rey que daba comienzo de la siguiente manera:

«Estando en esta ciudad de Manila, al final de un año y medio de navegación y descubriendo las tierras y mares del sur; y viendo que la Audiencia Real de Manila hasta ahora no ha creído oportuno darme despachos para completar el viaje como ordenó Su Majestad, y como yo esperaba ser el primero en darte una relación del descubrimiento, etc.; pero estando detenido aquí, y sin saber si en esta ciudad de Manila recibiré mis despachos, he creído oportuno enviar a Su Majestad Fray Juan de Merlo, de la orden de San Francisco, uno de los tres religiosos que iban a bordo conmigo, quien habiendo sido testigo presencial dará plena relación con Su Majestad.

... el banco se volvió muy superficial. Así que nos paramos hacia el norte, y en veinticinco brazas a 4 grados de latitud, donde caímos con una costa que también se extendía en dirección este y oeste. No vimos la terminación oriental, pero por lo que entendimos de ella se une a la otra que habíamos dejado por cuenta del banco, siendo el mar muy suave. Esta tierra está poblada por negros, diferentes a todos los demás; están mejor adornados; usan flechas, dardos y grandes escudos, y algunas varas de bambú rellenas de cal, con las que, al arrojarlas, ciegan a sus enemigos. Finalmente nos paramos al oeste-noroeste a lo largo de la costa, encontrando siempre a este pueblo, porque desembarcamos en muchos lugares; también en ella tomamos posesión para Su Majestad».

La llegada de Torres a las Molucas donde numerosos barcos holandeses e ingleses como estaban estableciendo un comercio con los nativos a pesar de la oposición de españoles y portugueses hace que surja para el australiano Collinridge una interesante cuestión: «¿se enteraron los holandeses de los descubrimientos de Torres a lo largo de la costa sur de Nueva Guinea y, en consecuencia, enviaron de inmediato su expedición de 1606 a esa costa?».

Todo lo que hicieron, vieron y descubrieron está recogido en la Relación que hizo Diego de Prado y Tovar y en la carta que Váez envió al rey tras su llegada a Manila; ambos documentos desgraciadamente perdidos o escondidos durante siglos pero que ilustran con detalle el paso de la expedición española y su contacto con Australia. Diego de Prado sería el primer occidental en describir tres animales tan raros como el tilacín —más conocido como tigre de Tasmania, ya extinguido—, el equidna (un animal similar al ornitorrinco), y el marsupial ualabí, lo que supone otra prueba más de la llegada de los españoles a Australia.

El paso del Estrecho no se repitió hasta el viaje de Cook, en 1770, por lo que bien pudo Torres escribir al rey «estos viajes no se hacen todos los días...». Además de los contactos en la Península de York, navegó a lo largo de Nueva Guinea unas 600 leguas, tornando posesión de la misma en varios puntos.

La labor de Torres no obtuvo ningún reconocimiento de las autoridades españolas; tanto él como Prado se quejaron en sendas cartas el Rey, per los descubrimientos de Quirós y Torres no debían ser divulgados en el exterior por temor a que pudieran ser utilizados como bases para hostigar los barcos y puertos de su Majestad Católica. Y fue así como los documentos del viaje de Torres quedaron archivados y cayeron en el olvido. También pasaron desapercibidos para la historiografía hasta que precisamente algunos australianos como George Collinridge o Robert Logan Jack acudieron en su rescate.

Por otra parte, los planos dibujados por Prado fueron robados del Archivo Nacional por el ejército de Napoleón durante la invasión francesa y no se recuperaron ni vieron la luz hasta el siglo XX.

Para el británico Heawood las latitudes de Torres provocan alguna dificultad al afirmar que el banco de arena (placel) que comenzó en 9° S. y se extendió a lo largo de la costa hasta 7° 30', estando el extremo de la arena en 5 grados, mientras que la entrada del Golfo de Papúa se encuentra a 7° 30'. La dificultad se elimina si consideramos que 5° da la latitud del final de las aguas poco profundas al norte de las islas Aru, y esto encaja bien con la afirmación posterior, que después de ir a lo largo del banco de arena durante dos meses los viajeros se encontraban a 25 brazas y a 5° de latitud.

En cualquier caso, con su audaz viaje por el Estrecho Torres había matado dos pájaros de un tiro; había descubierto Australia y simultáneamente demostrado de manera concluyente que Nueva Guinea era una isla, pero sus descubrimientos fueron ignorados durante casi dos siglos. De hecho, los holandeses todavía creían en una conexión entre Nueva Guinea y Australia, o al menos consideraban que la cuestión todavía estaba abierta; incluso su gran navegante Tasman desconocía la realidad.

Las pruebas

La hipótesis española, de esta manera, resulta mucho más verosímil que las demás precisamente por las pruebas que acreditan el viaje de Váez:

Hasta el último cuarto del s. XVIII, las referencias a la viajes de Torres, fueron de segunda mano y contenidas en el Memorial Arias (escrito entre 1614 y 1641).

A pesar de su importancia por su detalle, la crónica del piloto Gaspar González de Leza no había sido tomada en cuenta por los historiadores.

El detallado informe contenido en la carta de Torres fue escrito en Manila y fechado el 12 de julio de 1607, y en él afirma que llevaba dos meses en esa ciudad, fijando así la fecha de su llegada a FILIPINAS aproximadamente el 12 de mayo.

La última fuente de información sobre Torres vio la luz tan recientemente como 1878 y son los planos y dibujos firmados por Prado. Napoleón I saqueó los tesoros del Archivo Español al por mayor y los envió a París, donde fueron finalmente encontrados.

Fue así el rigor administrativo instaurado más de 100 años antes por los Reyes Católicos para todas las expediciones y exploraciones lo que finalmente sirvió para acreditar con rigor la ruta de Torres.

El más que improbable descubrimiento de Juan Fernández

En consonancia con el viaje del holandés Duyfken por resultar más una dudosa hipótesis que un testimonio nos encontramos con el posible descubrimiento español por parte del cartagenero Juan Fernández apuntado por el chileno José Toribio Medina en su obra «El piloto Juan Fernández, descubridor de las islas que llevan su nombre y Juan Jufré, armador de la expedición que hizo en busca de otras en el Mar del Sur» (1918).

Desde 1550, Fernández hizo viajes entre puertos del Perú y Chile, alejándose mucho de tierra para hallar vientos constantes y favorables, con lo que redujo notablemente la duración del viaje en el que antes se invertían hasta seis meses y de esa forma descubrió en 1574 las islas que hoy llevan su nombre a medio camino entre la costa chilena y la Isla de Pascua.

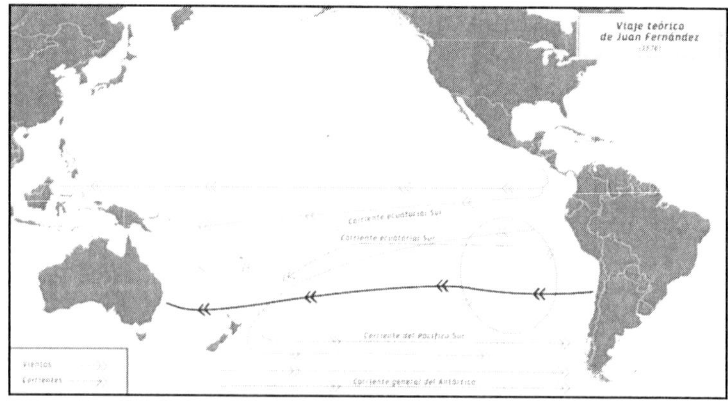

Teórica derrota de Juan Fernández

Según Toribio, en Perú Fernández conoció al general Juan Jufré y al marino Pedro Sarmiento de Gamboa, participante en una expedición de Mendaña, y de las noticias de este último y del reciente descubrimiento del propio Fernández dedujeron la existencia de grandes islas en el Mar del Sur, y motivaron la expedición que el mismo Jufré proyectó y que, según supone Toribio, se llevó a efecto con una sola nave, mandada por Juan Fernández, en los últimos meses de 1576 y durante el siguiente año, pues consta que Fernández estaba en Chile el 7 de enero de 1578. El fundamento de las suposiciones de Toribio respecto a la expedición de Juan Fernández en 1576/77 es una carta de Juan Jufré á D. Francisco de Toledo, virrey del Perú, fechada en La Concepción a 23 de noviembre de 1578 y, el Memorial del Dr. D. Juana Luis Arias, de principio del siglo XVII, escrito a instancias de Fray Juan de Silva. Sin embargo, la carta solo habla de los viajes de Fernández entre Chile y Perú y lo que Arias cuenta de Juan Fernández en el Memorial se supo de referencias, por haber oído que así lo dijo al rey Felipe III el General Pedro Cortés durante la estancia de éste en la Corte. Dice textualmente:

> «También un piloto, llamado Juan Fernández (el que avía descubierto el viaje de Lima á la costa de Chile, haziendose á Loeste, que antes del se hazla con mucha dificultad, por ir al hilo de la costa, en que casi siempre perseveran vientos Sures) salio de la costa de Chile en una nave pequeña con ciertos compañeros suyos, y navegando por algunas derrotas entre el oeste y el sudueste, aportó en tiempo de un mes a una costa, a lo que pudieron juzgar, de tierra firme muy fertil y agradable, po-

blada de gente blanca muy bien afaycionada, de nuestra estatura, vestida de muy buenas telas, y tá apazible y acariciadora, que por todas las vias que pudieron significarlo, les ofrecieron muy buena acogida, y de los frutos y riquezas de su tierra, que parecia ser de todo muy rica y abundante; pero par ir tau a la ligera (quedando muy alegres de ayer descubierto la costa de aquella gran tierra, firme tan deseada) se tornara a Chile. [...] Tambien se vieron por la costa que descubrio el piloto Juan Fernández, como se ha referido, desembocar muy caudalosos rios: por lo qual, y por lo que significaron los naturales, y por ser gente tan blanca, tan bien vestida, y en todo lo domas tan diferente a la de Chile, y de todo el Pirá, se tuvo por cierto ser costa de la tierra firme Austral, que parecía ser mucho mejor y mas rica que la del Pirá».

Alguno autores supusieron —y recalco tal término— que la costa pudo ser Nueva Zelanda mientras que otros, creyendo que no avanzó tanto la expedición hacia el oeste señalan la isla Pascua; Toribio, por su parte, toma un término medio en cuanto a distancia y apunta a Tahití si bien, añade, nada hay que se oponga— si se desecha el cómputo de los treinta días para el viaje de ida— a sospechar que también se descubrió Australia, que era la costa de la tierra firme Austral por la que se vieron desembocar muy caudalosos ríos.

Como vemos, ningún hecho cierto y un cúmulo de suposiciones que en modo alguno pueden ser tenidos en cuenta. Al menos los teóricos del Duyfken holandés, aunque con documentos secundarios, ofrecen datos de unos rumbos creíbles. Toribio Medina, no.

Capítulo VI

FRANCIA

A pesar de que también existen teorías que atribuyen el descubrimiento a Francia, no es posible con un mínimo rigor histórico, otorgar consideración alguna a tal eventualidad.

La limitada acción exploratoria francesa se dirigió, en un principio, a las costas de América del Norte durante los siglos XVI y XVII y no sería hasta el siglo XVIII, el siglo de la Ilustración, cuando se realizasen viajes de exploración eminentemente científicos para cubrir objetivos de saber y ciencia que no ocultaban su trasfondo colonialista.

Los franceses emprendieron varios viajes de exploración; Marc-Joseph Marion du Fresne visitó la denominada Tierra de Van Diemen (actual Tasmania) en 1772, pero los grandes exploradores de la época sin duda fueron Bougainville y Lapérouse.

Bougainville

Obligado el gobierno francés a devolver las islas Malvinas a la corona española por el Tratado de París de 1763 que puso fin a la Guerra de los Siete Años, se encargó la formalización de la misma a Luis Antonio de Bougainville que posteriormente emprendió una circunnavegación del planeta con el aparente e ilustrado propósito de realizar observaciones científicas, pero con el más prosaico objetivo de explorar tierras colonizables en el Pacífico. La expedición se emprendió a bordo de la fragata Boudeuse y la corbeta Etoile, y en ella participaron astrónomos, naturalistas y dibujantes.

La flotilla cruzó el Pacífico en seis semanas y en febrero de 1768 alcanzó el archipiélago Tuamotu, para después tomar rumbo oeste hacia la costa occidental de Nueva Holanda debiendo hacer aguada en Nueva Zelanda y ante el acoso holandés y una tripulación diezmada por el escorbuto seguir viaje al Índico renunciando a cualquier intervención en Australia.

Lapérouse

Pero las ambiciones francesas sobre la gran isla no acabaron con Bougainville y en 1788 Jean François Galaup, conde de La Pérouse fue enviado al Pacífico por orden de Luis XVI con instrucciones para visitar varios grupos de islas en el Pacífico, incluidas las Islas Sociedad, Nueva Caledonia, Tahití e Isla de Pascua. El proyecto consistía también en explorar el Golfo de Carpentaria, recorrer la costa occidental de Nueva Holanda y explorar después la costa sur. Lapérouse alcanzaría la Tierra de Van Diemen y Nueva Zelanda, donde debía de comprobar si los ingleses habían establecido algún asentamiento. Tras explorar el Mar de China, Japón y el Filipinas se dirigió a la actual Samoa, donde un oficial y dos grupos de hombres, desembarcaron en busca de agua dulce, pero fueron atacados por nativos y todos ellos masacrados. Lapérouse ya había sufrido la pérdida de varios hombres durante la primera parte del viaje y temía que, si perdía más se vería obligado a varar y quemar uno de sus barcos para poder seguir él mismo con suficientes hombres para trabajar en el barco restante. Así las cosas, y conociendo ya la existencia de la base inglesa de Botany Bay por los escritos de Cook, resolvió navegar hasta allí, para poder llevarse leña y agua dulce, Entró en Botany Bay la mañana del 26 de enero de 1788 y se sorprendió al encontrar allí una gran flota de barcos ingleses; eran los barcos que bajo el mando del gobernador Arthur Phillip habían llegado para fundar la primera colonia en Australia. Aunque Phillip decidió abandonar Botany Bay, porque había encontrado un mejor sitio para el asentamiento en Port Jackson, Lapérouse hizo enviar sus notas a Francia pero se quedó allí seis semanas; luego navegó hacia el Pacífico el 10 de marzo y no hay duda que sus dos barcos naufragaron en los arrecifes de coral de la Isla Vanicoro (Salomón) donde se encontraron sus restos en 2005.

Tras su desaparición, otro francés, Bruni D'Entrecasteaux (1737-1793), al frente de dos fragatas, partió en búsqueda de rastros fiables de la expedición perdida de su compatriota La Pérouse. El marino francés cartografió parte de las costas de Australia, Nueva Zelanda, Tonga y Nueva Caledonia. D'Entrecasteaux descubrió el canal que lleva su nombre, Esperance, en

Australia Occidental, y los estuarios Derwent y Huon, en la isla de Tasmania.

El canal D'Entrecasteaux reviste gran importancia en el redescubrimiento de los mares y tierras australes. Este canal marino del Mar de Tasmania, localizado al este de la isla, está limitado al este por la costa oriental de la isla Bruny y fue visitado por los franceses en 1792 quienes realizaron cuidadosas y esmeradas exploraciones que plasmaron en sus informes.

El 4 de enero de 1793 D'Entrecasteaux decidió alejarse de la Gran Bahía Australiana y navegar, directamente, hacia la tierra de Van Diemen (Tasmania). Para algunos analistas si el marino francés hubiera persistido en quedarse en la zona australiana quizás hubiera puesto las bases de un futuro dominio francés en Australia. Así piensan teniendo en cuenta la posterior expedición de los británicos George Bass (1771-1803) y Matthew Flinders (1774-1814), quienes navegaron por las mismas aguas reconociendo sus costas.

La posibilidad francesa, como vemos, queda completamente descartada por mucho mérito que tuviesen sus exploraciones, eso sí, disfrazadas de altruismo científico.

Breves apuntes biográficos de Torres y Prado

Paradójicamente los datos sobre la vida de los dos protagonistas son más escasos e imprecisos que los de su singladura. De Luis Váez de Torres se supone un origen gallego y se ignora todo sobre sus primeros años. Tan sólo se tiene constancia de que estaba en Perú a finales de 1.605 cuando se incorporó a la expedición de Quirós en el puerto de Callao con el cargo de almirante y capitán de la nao San Pedrico y que durante el viaje Quirós le ascendió a «maese de campo».

Tras la marcha de Quirós y asunción del coliderazgo con Prado de Tovar, además del eventual encuentro con Australia, el resto de la expedición al mando de ambos descubrió la llamada tierra de San Buenaventura (Tabula), correspondiente al grupo de las Lousiades, de Papúa Nueva Guinea y las islas San Facundo (Dioni); Mira Cómo Vas (Brumer); Santa Clara (Bona Bona); Magna Margarita (Papúa Nueva Guinea); San Bartolomé (Mailu); San Juan Bautista (Manubada), Malandanza (Bristow); Perros (Dungeness); Caribes (Turtle Backed); Hermanos (Gabba); Volcán Quemado (Long) y Cantáridas. Una vida con poca información, pero muchos hechos extraordinarios lo que ha dado lugar a un sinfín de cábalas.

Un poco más precisa es la biografía de Diego de Prado y Tovar, quizás por su linaje al ser hijo del alférez mayor de Sahagún (León) y capitán de las guardias de Castilla, constando que Diego nació en tal villa sobre 1550 y que se formó como militar.

En 1591 escribió su tratado «Manual y plática de artillería» donde figuraba como capitán. Sirvió en Italia y en Portugal y en 1588 inspeccionó en Lisboa la artillería de la armada para la empresa de Inglaterra. La artillería siguió siendo su vida en Málaga como encargado de la supervisión de la fundición de artillería y posteriormente en Cataluña donde cumplió sus funciones de teniente del capitán general y se encargó de cuestiones logísticas.

Ya en 1603 se encuentra en Lisboa —recordemos la unión dinástica de España y Portugal— como supervisor de la fundición de artillería llamada Fundición de los Castellanos y redacta su segundo un tratado de artillería titulado «Encyclopaedia de Fundición».

En la Casa de Contratación de Sevilla no consta cuando tuvo lugar su paso a las Indias, pero en 1605 ya se encontraba en Lima preparándose para la expedición de Quirós, posiblemente reclutado por ser un experto en artillería. Su condición de persona ilustrada favoreció extraordinariamente la elaboración de la relación y mapas de la expedición.

Desde Manila Prado volvería a España por la ruta del Índico, recalando antes de llegar a la península en Roma donde entró en contacto con la Orden de San Basilio y al llegar finalmente a España en 1615 presentó su Relación Sumaria al Consejo de Estado y después ingresó como monje en el convento madrileño de esa Orden permaneciendo en él durante 10 años transcurridos los cuales volvió a la vida militar; el final de su vida parece que transcurrió en Italia donde llegó incluso a escribir una comedia

Capítulo VII

REINO UNIDO

La nación que a pesar del relato posterior debe ser radicalmente descartada como candidata no es otra que el Reino Unido, precisamente la que con más intensidad y en más ocasiones se ha atribuido el descubrimiento sin motivo ni fundamento alguno.

Tras el desastre de la Armada Española en su intento de invasión de Inglaterra de 1588, los ingleses intentaron un primer viaje por la ruta abierta por los portugueses si bien tal empresa fracasó, aunque uno de los tres barcos de la expedición consiguió llegar a los mares del este. La flota estaba comandada por los capitanes Raymond y Lancaster, y zarpó 10 de abril de 1591. El barco de Raymond se perdió en el viaje, pero Lancaster en el Edward Bonaventure, después de tocar en Zanzíbar, dobló el cabo Comorín en mayo de 1592 y, tras avistar la costa de Sumatra llegó a Penang (actual Malasia) en junio. Los ingleses se acercaban a la zona e iniciaban así sus tentativas de beneficiarse del territorio por la vía que más les resultase más conveniente, el comercio o el corso.

El 31 de diciembre de 1600 la reina Isabel otorgó carta de constitución a la Compañía Inglesa de las Indias Orientales «como Gobernadora y Compañía de Comerciantes de Londres que comercian con las Indias Orientales» una extraña e innovadora fórmula de yuxtaponer el comercio y el poder político que hizo de esta compañía una entidad escasamente fiable más dedicada a representar los intereses de la corona —ciertamente inconfesables en muchas ocasiones— que al tráfico mercantil. El viaje «comercial» del Capitán Best de 1612 derrotó de forma abrumadora a la flota portuguesa en Swally, el puerto de Surat (India), abrió la India occidental a las empresas inglesas y dejó así claro que la corona inglesa no participaría en una carrera comercial sin emplear la fuerza.

Sin embargo, el único argumento del descubrimiento tiene nombre propio: el Capitán James Cook era un héroe nacional y mito británico de las exploraciones durante la Ilustración, es decir casi 200 años después de que portugueses, holandeses y españoles navegasen por aguas australianas. Pero los británicos partían con mucha ventaja tras la caída de Manila en sus manos en 1762. Para España ese aciago suceso, más allá de la propia pérdida de la plaza, supuso un terrible revés cuando el último gobernador británico de Manila Alexander Dalrymple, espía, cartógrafo y representante de la East India Company saqueó los fondos documentales de la ciudad y concretamente los del convento agustino de San Pablo que entre otras joyas conservaba los trabajos cartográficos de Andrés de Urdaneta. El Reino Unido pasó a contar —gratis— con toda la información precisa para navegar por el Pacífico.

James Cook

Cook, un escocés de 40 años que ya había pilotado barcos carboneros en Inglaterra y combatido durante la Guerra de los Siete Años (1756-63) en Canadá; experto en hidrografía y astronomía náutica, cartógrafo y matemático, fue el elegido por la London Royal Society para comandar una expedición al Océano Pacífico con el subterfugio de observar el paso de Venus ante el sol y la verdadera finalidad de conseguir los objetivos político-expansionistas británicos y hallar el continente austral.

Las instrucciones le encargaban buscar el misterioso continente austral hasta los 40º de latitud sur y, si tenía éxito, realizar un estudio en profundidad y llegar hasta el este de Nueva Zelanda. Para ello, Cook realizó el balance sistemático de los viajes anteriores al Pacífico —es decir, revisó los mapas holandeses, portugueses y los sustraídos a los españoles en Manila— a fin de no empezar de cero. Para su primer viaje (1768-71), Cook eligió un barco carbonero, el Endeavour, con unos 100 tripulantes, militares y civiles —como el pintor A. Buchan, el dibujante S. Parkinson y el botánico J. Banks— zarpó de Plymouth el 26 de agosto de 1768 y surcó el Pacífico, alcanzando el estrecho que llevaría su nombre entre las dos islas neozelandesas, explorándolas y cartografiándolas.

Después de enviar un grupo científico a Tahití para estudiar la tránsito de Venus, Cook dirigió el Endeavour, hacia Nueva Zelanda y circunnavegó el territorio que ya había sido visitado por primera vez por el holandés Tasman en 1642, percatándose de que Nueva Zelanda no era una extensión continua de territorio, sino que constaba de dos islas grandes con una isla más pequeña al sur. En aquel momento Cook estaba convencido de que la Terra Australis Incógnita de los mapas antiguos era ficticia y algunos autores como el australiano Ernest Scott sostienen que si su barco hubiera estado en buenas condiciones de navegación después de los embates de los mares de Nueva Zelanda probablemente habría navegado más al sur para constatar él mismo que no había ningún continente más cercano que la masa terrestre rodeando el Polo Sur, pero lo que hizo finalmente fue navegar hacia el oeste hasta encontrarse con la costa este de Nueva Holanda «y luego seguir la dirección de esa costa hacia el norte». Con ese plan zarpó de Nueva Zelanda a finales de marzo de 1770; y el 20 de abril avistó la costa sureste de lo que se llamaría Australia. Diez días después fondeó en una bahía que debido a la gran cantidad de plantas nuevas para la ciencia que sus botánicos encontraron, llamó Botany Bay; pasó nueve días allí y después en Endeavour Inlet, en la Península del Cabo York otros cuarenta y nueve días. La costa hacia el norte fue cuidadosamente explorada y cartografiada, y finalmente, en Isla Posesión en el Estrecho de Torres, Cook tomó posesión de toda la costa oriental", pero al hacerlo no lo bautizó con un nombre, sino que lo hizo mientras regresaba a Inglaterra al rehacer sus diarios de viajes, dando el nombre de New South Wales (Nueva Gales del Sur) a todo el territorio del que había tomado posesión para la corona británica.

Y a pesar de que James Cook había desembarcado en Botany Bay y recomendado este lugar lugar para el establecimiento del primer asentamiento, el capitán Arthur Phillip estimó que no era el lugar adecuado decidiendo desplazar sus naves hacia el norte y desembarcar sus naves llenas de convictos traídos de Inglaterra en la ensenada de Port Jackson, lugar donde fundó la ciudad de Sydney, nombre adoptado en gratitud a su Ministro del Interior, Lord Sydney quien tenía en su cartera ministerial la responsabilidad de prisiones y la persona que había recomendado el establecimiento de una colonia penal en Nueva Gales del Sur.

James Cook volvería al Pacífico con el Resolution y el Adventure, entre julio de 1772 y marzo de 1775, de nuevo, acompañado de astrónomos, pintores y del naturalista Forster. Esta vez la invención del cronómetro por J. Harrison hacia 1760 hizo posible medir la longitud con total garantía por primera vez y facilitó enormemente sus levantamientos cartográficos. En esta ocasión Cook navegó más al sur, hacia la región fría, donde sus hombres estaban «envueltos en nieve helada como si llevaran una armadura», y el aparejo estaba cubierto de hielo. Navegó por donde el continente debería haber estado para los que aun sostenían su unión con las tierras antárticas, pero su viaje no dejó lugar a dudas de que no había ninguna masa de tierra entre Nueva Zelanda y el Cabo de Hornos, y que la única gran superficie de tierra, aparte de Nueva Zelanda y Nueva Holanda, era la que estaba bordeada por el hielo antártico, cuestiones todas ellas ya conocidas por los españoles, pero ignoradas por los británicos.

Pero como se ha visto las expediciones de Cook no fueron de descubrimiento sino que sirvieron —con base en planos y descubrimientos efectuados por otros— para delimitar los contornos de la isla australiana que aún permanecían difusos y tal es el mérito que debe atribuírsele y no otro, teniendo en cuenta así mismo los notables adelantos que experimentó la navegación en su época. Salvando las distancias cabría afirmar que Cook fue el Americo Vespuccio de Australia, pero es bien sabido que a este último —por mucho que se quedase con el nombre— nadie le atribuye el descubrimiento de América.

Pero si bien Cook fue quien encabezó las exploraciones británicas y posteriormente fue loado y aclamado por los suyos, lo cierto es que hubo otros exploradores posteriores no menos importantes que él y que en algunas ocasiones le tuvieron que corregir.

El capitán Matthew Flinders está al lado de Cook por la importancia de sus descubrimientos marítimos en el sur, Gran navegante por la minuciosidad científica que caracterizó su trabajo, Flinders, en compañía del cirujano naval George Bass, navegó alrededor de la Tierra de Van Diemen en Norfolk en 1798, demostrando que era una isla, y no parte de New Holland como la había representado Cook.

En aquella época las costas del sur de Australia desde la esquina suroeste (King George's Sound) hasta la esquina sureste cerca del cabo Howe eran prácticamente desconocidas, pero la diligencia y habilidad mostradas por Flinders al llevar a cabo su investigación en aguas australianas, indujo al Almirantazgo a confiarle la mando de una nave con la misión de explorar las costas del sur de New Holland en 1802, aunque finalmente acabó circunnavegando la isla, elaborando los planos más precisos de la isla conocidos hasta entonces y como veremos más adelante, recuperando el nombre impuesto por Quirós —Australia— para el territorio.

Capítulo VIII

CONCLUSIONES

La creencia en la existencia de una tierra al sur, de dimensiones continentales perteneció en la antigüedad más a las mentes de filósofos y cartógrafos que a las de los navegantes y aquéllos ejercían libremente su fantasía en los mapas que dibujaron combinando lo conocido con lo desconocido.

Por ello ocurrió que los esquemas clásicos que en muchas ocasiones se encajaron sin criterio en los nuevos mapas configuraron como reales ciertas situaciones que no eran sino ficciones geográficas que sólo pudieron ser desmontadas cuando intrépidos navegantes y exploradores surcaron los mares y comprobaron la realidad física de territorios como Terra Australis Incógnita.

La enormidad de la isla australiana, la diferencia en el tiempo de las expediciones descubridoras y finalmente la ausencia o escasez documental de algunas de ellas complica en gran medida la eventual atribución de su descubrimiento a una sola de ellas. Sin embargo, cabe el análisis conjunto de las mismas para llegar a conclusiones válidas sobre el asunto. En tal sentido, por su relevancia, buena lógica y correcta fundamentación merecen tomarse en especial consideración las coincidentes conclusiones de los historiadores británicos George F. Barwick y y Henry Stevens —nada sospechosos de ser prohispanos— que en su obra *New Light on the Discovery of Australia as Revealed by the Journal of Captain Don Diego de Prado y Tovar* (1930) concluyen que Torres, en compañía de Prado, completó el viaje a Manila, pero en lugar de pasar al norte de Nueva Guinea en el curso directo, como lo estipulaban las órdenes generales, fue obligado por el clima a navegar a lo largo de la costa sur de Nueva Guinea. A esa circunstancia fortuita le debemos no solo el descubrimiento del tortuoso paso entre Nueva Guinea y Australia (ahora conocido como el Estrecho de Torres) sino el primer descubrimiento definitivo de la propia Australia y es que Barwick afirma con lógica que todas las islas en el paso entre Nueva Guinea y el Cabo de York forman parte integral de Australia, ya que están bajo la jurisdicción de la Colonia de Queensland. El límite de Queensland se extiende en el norte casi hasta la costa de Nueva Guinea, incluidas las islas Talbot, y en el este hasta la Gran Barrera de Coral y por lo tanto, cualquier isla descubierta dentro de esas líneas, en latitudes superiores a 20 grados sur sin duda puede ser considerada como Australia. Para ellos el caso sería análogo al de Colón cuyo desembarco ciertamente no fue en el continente, sino en una isla a una gran distancia y sin embargo nadie disputaría la afirmación de que Colón descubrió América. En el caso de Prado y Torres, las islas que descubrieron y bautizaron pertenecían al continente adyacente de Australia encontrándose muchas de ellas a unas pocas millas de distancia.

Lo cierto es que Australia es tan grande que el descubrimiento en un período de cualquier parte de ella tiene poca relación con el descubrimiento en otros momentos de otras partes que bien podrían estar separadas por cientos, si no miles, de kilómetros. Por supuesto, existe cierto interés patriótico en el controvertido problema de qué nación descubrió por primera vez cualquier parte del gran continente, pero todos los relatos de los primeros descubrimientos se basan más o menos en suposiciones derivadas de pruebas insuficientes o dudosas. Además, los descubrimientos de los portugueses, incluso si pudieran ser autentificados definitivamente, no entran en conflicto en lo más mínimo con los de los holandeses y los españoles, ya que se supone que los primeros se hicieron en algún lugar del lado oriental de Australia. mientras que los de estos últimos se sitúan definitivamente en la costa norte.

Así las cosas, se puede sostener de todos los datos ofrecidos que cualquier reclamación de descubrimiento portugués no puede ser estimada por resultar demasiado indefinida para ser aceptada y ello a pesar de que por situación y conocimientos náuticos y geográficos los portugueses podrían ser considerados los candidatos más viables, pero la casi inexplicable ausencia de fuentes debe de dejarlos fuera de toda consideración. Por otro lado, la afirmación de los holandeses del Duyfken, aunque no se basa en documentos originales ni contemporáneos, está tan bien respaldada por pruebas colaterales que no se puede obviar. Según éstas, el Duyfken en 1605-6 navegó hacia el este desde Bantam a lo largo de la costa sur de Nueva Guinea hasta el comienzo del Estrecho de Torres, y luego girando hacia el sur llegó en el mes de marzo de 1606 a tierra en la costa occidental de la península del Cabo York a aproximadamente 13¾°. S, pero nuevamente nos encontramos ante una orfandad documental de origen que conlleva inesquivablemente una duda más que razonable en el itinerario señalado más de 40 años después. Cuesta creer que en un viaje específicamente denominado «de descubrimiento» —escasísimos en la navegación holandesa— no se conservara un cuaderno de bitácora o algún tipo de diario.

A pesar de que la creencia generalmente aceptada es que James Cook descubrió la costa oriental de Australia, existen cartas antiguas que presentan cada parte de esa línea costera claramente establecida más de doscientos años antes de su llegada a esos mares y respecto a la parte protegida por la barrera de coral no se hace mención alguna en su documentación a la forma en que navegó por ella.

Las pruebas que hasta ahora existían a favor del viaje de los españoles en 1606 —las cartas de Torres y Prado y los mapas de Prado— se vieron enormemente reforzadas por la recuperación de la extensa relación del Prado. Toda esta evidencia no sólo es de primera mano sino contemporánea y por lo tanto mucho más definitiva y convincente que los relatos indirectos del viaje del Duyfken. Ambos viajes —holandés y español—, se produjeron además, el mismo año de 1606, si bien los holandeses se habrían acercado en el mes de marzo a Australia por el oeste y regresado sin descubrir ni pasar el estrecho y los españoles, por el contrario, llegaron desde el este en el mes de octubre y, debido a las inclemencias del tiempo, se vieron obligados a entrar por la abertura oriental del estrecho a través del cual siguieron un camino tortuoso entre numerosas islas y bajíos, y finalmente completaron el viaje a Manila por el sur de Nueva Guinea.

Teniendo en cuenta tales circunstancias parecería que, debido a la prioridad de pocos meses en la fecha, no se puede negar a los holandeses el honor del primer descubrimiento de cualquier parte de Australia, sin embargo resulta necesario ajustarse al máximo a los hechos acreditados y si analizamos la importancia comparativa de los dos viajes y los dos descubrimientos, la palma debe ser incuestionablemente concedida a los españoles, como lo demuestra ampliamente el breve contraste de los resultados expuesto en esta obra. Los holandeses en su propia relación oficial del viaje del Duyfken como antecedente a las Instrucciones a Tasman en 1644, prácticamente admiten el fracaso de ese viaje, porque se afirma que no se pudo saber nada de la tierra o las aguas visitadas, de modo que «se vieron obligados a dejar el descubrimiento inconcluso». A modo simplemente de ejemplo comparativo, si aceptásemos como indubitada y cierta la derrota del Duyfken por un documento muy posterior al viaje y posiblemente elaborado *ad hoc*, no debería existir inconveniente alguno en aceptar de la misma forma el viaje del español Juan Fernández y consecuentemente su descubrimiento de Nueva Zelanda o, incluso, Australia, los cuales como hemos visto carecen de respaldo fiable que lo acredite.

Afirmar, por tanto —a la luz de la documentación existente— que fueron los españoles Váez y Prado los primeros en llegar a la gran isla australiana no sólo no es descabellado sino que es la conclusión válida y razonable de un análisis sensato de las posibilidades existentes y las documentaciones que las sustentan. Sin embargo es claro que España no tuvo la capacidad política ni militar para defender la soberanía de Australia; simplemente ocurrió que tras la decadencia las grandes potencias de los siglos XV y XVI—España y Portugal— los principales contornos del mapa mundial fueron completados por sus sucesores: las naciones europeas emergentes hasta entonces excluidas del comercio por los ibéricos como Holanda, Inglaterra y Francia, lógicamente con su propia nomenclatura aunque lo que ya no es tan razonable ni lícito es hacerlo con el propósito deliberado de eliminar cualquier vestigio de presencia anterior (Pasaje de Drake/Mar de Hoces, Islas Marshall/Los Pintados, islas Georgias del Sur/San Pedro) con el fin de legitimar su presencia. Resulta conveniente resaltar que tal agotamiento ibérico tuvo sus motivos en el constante y dilatado esfuerzo que supuso no sólo ocupar tierras y establecer nuevas sociedades mixtas y comercio estable sino en la obtención del máximo conocimiento de los nuevos territorios; En América del Sur, tras la llegada de los españoles en el siglo XVI, éstos consiguieron dentro de los primeros 50 años dibujar todo el contorno de sus costas como acredita el mapamundi de Diego del Ribero de 1529 elaborado para el Padrón Real de la Casa de Contratación de Sevilla con los datos recogidos por los exploradores españoles.

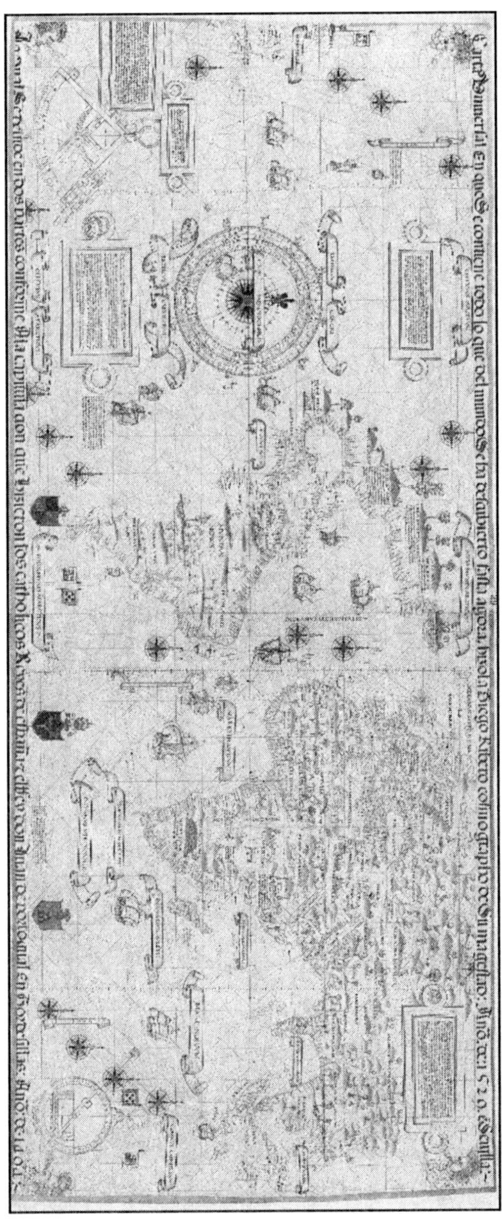

Mapa de Diego del Ribero de 1529

Capítulo IX

EL NOMBRE DE AUSTRALIA

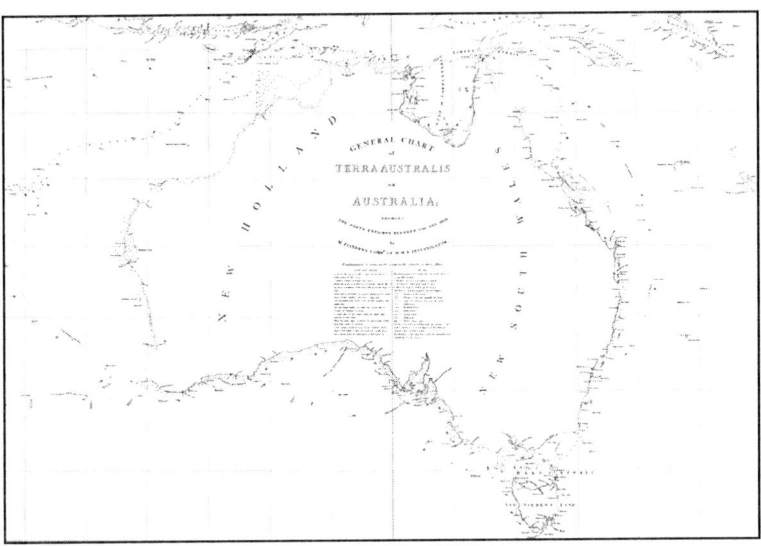

Mapa de Matthew Flinders (1804), primero con el nombre de Australia

Como se expuso en el capítulo primero el término Terra Australis Incognita (la tierra desconocida del sur), apareció como tal por primera vez en el mapamundi de Turín del s. VIII. Desde entonces hasta la actualidad la denominación de aquella tierra ha seguido un largo camino hasta adoptar la actual de Australia.

En el diario de Fernández de Quirós, donde habla de tomar posesión de esta tierra, la cual cree que forma parte de un continente, hace uso del término Austrialia. La toma de posesión se realiza el día que se celebra la aparición del Espíritu Santo (Pentecostés), el 14 de mayo y él escribe: «Tomo posesión de todas estas tierras que dejo vistas y estoy viendo, y de toda esta parte del sur hasta su polo, que desde ahora se ha de llamar AUSTRIALIA del Espíritu Santo». Así mismo, sus memorias Fernández de Quirós dice al Rey Felipe III, lo siguiente: «Por felice memoria de V.M. y por el apellido de Austria, le di por nombre (a quella tierra) la AUSTRIALIA del Espíritu Santo, porque en su mismo día tomé posesión de ella».

Por lo tanto, Quirós parece que tomó como base la denominación ya conocida de Terra Australis (en latín Tierra del Sur), haciendo un juego de palabras con la dinastía AUSTRIA de la monarquía hispánica junto con el sufijo de pertenencia «-lia» para sujetar la tierra descubierta a la posesión de su rey, y a pesar de que su descubrimiento no fue de la isla australiana, él si lo creyó así fijando tal nombre, con ligeras variaciones, para la posteridad.

Pero aún siendo cierto que Quirós no pisó la gran isla, no lo es menos que la divisó o intuyó y le dio el nombre citado. La posterior modificación de Austrialia a Australia lo atribuye Justo Zaragoza a una desafortunada corrección añadida en una de las copias manuscritas del Memorial de Quirós en la biblioteca del Ministerio de Marina por una persona que no tenía mucho conocimiento. En la copia de este Memorial que se guarda en la Mitchell Library de Sidney, la mezcla de denominaciones Austrialia o australes está en una nota del escrito de Diego de Prado y Tovar hacia

1608 titulada *Descubrimiento que hizo Po Fernandez de Quiros a la tierra austral y le acabo don Diego de Prado que despues fe monje Basilio*. El escrito de Diego de Prado tiene como título: *Relacion sumaria def descubrimiento que empezo Pero Fernandez de Quiros, portugues, en la Mar de! Sur, en las partes australes, hasta la isla de lrenei, por el de la parte de Austrialia del Spiritu Sancto, y le acabo el capitan don Diego de Prado, que al presente es monje de N° Pº Sanct Basilio Magno, de Madrid, con asistencia def capitán Luis Vaes de Torres, con la nao San Pedrico, el año de 1607, hasta la ciudad de Manila, a 24 de mayo de dicho año, a honra y gloria del omnipotente Dios. Amen.*

Años después, las autoridades coloniales de Australia, en sus escritos y comunicados a Londres, usaron comúnmente las expresiones de Nuevas Gales del Sur y Nueva Holanda para referirse a aquellas tierras, pero fue el ya citado explorador británico Matthew Finders, tras realizar la segunda circunnavegación a la isla, quien volvió a nombrar dicha zona como Australia en su mapa trazado en 1804 mientras estuvo prisionero de los franceses en Mauricio. Cuando regresó a Inglaterra y publicó sus trabajos en 1814 fue obligado por el Almirantazgo británico a cambiar el nombre y volver a la expresión de Terra Australis, pero Flinders insistió en el nombre y el Gobernador de Nuevas Gales del Sur, Lachlan Macquarie apoyó la idea de Flinders en favor del nombre de Australia y lo usó en sus mensajes a Inglaterra. En 1824 el Almirantazgo británico finalmente aceptó que el continente debía ser llamado oficialmente como Australia, un nombre español para un territorio que finalmente acabaría bajo la soberanía británica.

BIBLIOGRAFÍA

*Barwick, George F., *New Light on the Discovery of Australia as revealed by the Journal of Captain Don Diego de Prado y Tovar*. Hakluyt Society, 1930.

*Beltrán y Rózpide. *Juan Fernández y el Descubrimiento de Australia*. Patronato de Huérfanos de Intendencia e Instrucción Militares, 1918.

*Bernabéu Albert, Salvador. *El Pacífico Español, mitos, viajeros y rutas oceánicas*. Prosegur, 2003.

*Collinridge, George. *The Discovery of Australia*. Hayes Brothers, 1895.

*Collinridge, George. *the First Discovery of Australia and New Guinea*. Pan Books, 1906.

*Dalrymple, Alexander. *Una colección histórica de los diversos viajes y descubrimientos en el Océano Pacífico Sur*. Biblioteca Nacional de España.

*Estensen, Miriam. *Terra Australis incognita: the Spanish quest for the mysterious Great South land*. Allen & Unwin, 2006.

*Heawood, Edward. *Una historia del descubrimiento geográfico en los siglos XVII y XVIII (1912)*. Capítulo sobre Australia y el Pacífico.

*Heeres, J.E. *La participación de los holandeses en el descubrimiento de Australia 1606-1765*. EJ Brill, Luzac and Co., Londres, Leiden, 1899.

*Hilder, Brett. *El viaje de Torres de Veracruz a Manila*. Madrid, Ministerio de Asuntos Exteriores, 1992

*Jack, Robert Logan. *El extremo norte de Australia*. Good Press, 1921.

*Jack, Robert Logan. *La exploración de la península del Cabo York 1606-1915*. James C. Beal, Government Printer, Brisbane, 1881.

*Landin Carrasco, Amancio. *Descubrimientos españoles en el mar del sur*. Editorial Naval. 1992.

*Laorden Jiménez, Luis. *Navegantes españoles en el Océano Pacífico*. Marcial Pons 2014.

*Laorden Jiménez, Luis. *Navegantes españoles en el Océano Pacífico: la historia de España en el gran Océano que fue llamado lago español*. Marcial Pons, 2014.

*Mac Intyre, Kenneth Gordon. *The Secret Discovery of Australia: Portuguese Ventures 200 years before Captain Cook*. Souvenir Press, 1977.

*Mac Intyre, K. G.. *The Rebello transcripts: governor Phillip's Portuguese prelude*. Souvenir Press, 1984.

*Martín Montenegro, Gustavo. *Australia del Espìritu Santo. Un nombre español para un paìs inglés*. Create Space Independent Publishing Platform, 2010.
*Mayor, Richard Henry. *Early voyages to Terra Australis, now called Australia*. Cambridge University, 2010.

*Moran, Patrick F (Cardenal). *Descubrimiento de Australia por de Quirós en el año 1606*. Catholic Book Depot St. Mary's Cathedral, Sydney, 1906.

*Mutch, T.D., *The first Discovery of Australia*. Sidney, 1942.

*Prado y Tovar, Diego de. *Nueva Guinea (Isla). 1606, Mapas generales, Planos de las bahías descubiertas, el año de 1606, en las islas del Espíritu Santo y de Nueva Guinea, y dibujadas por D. Diego de Prado y Tovar en igual fecha*. T. Fortanet, 1878.

*Prieto, Carlos. *El océano Pacífico: Navegantes españoles del siglo XVI. Carlos Prieto*. Alianza Editorial. 2019.

*Proyect Gutenberg Australia:
https://gutenberg.net.au/

*Sanz, Carlos. *Australia, su descubrimiento y denominación*, 1967.

*Scott, Ernest. *Una breve historia de Australia*. Arenas Publicaciones, 2021.

*Trickett, Peter. *Beyond Capricorn: How Portugese Adventurers Secretly Discovered and Mapped Australia 250 Years Before Captain Cook*. East Street, 2007.

*W. A. R. Richardson. *The Portuguese Discovery of Australia: Fact Or Fiction?* National Library of Australia, 1989.

*Zaragoza, Justo. *Historia del Descubrimiento de las Regiones Australes hecho por el general Pedro Fernández de Quirós*. Madrid: Manuel G. Hernández, 1876-1882.